初学者でもわかりやすいスーパー解法シリーズ

豊富な例題で解法を実践学習する

電気回路ポイントトレーニング

浅川 毅・堀 桂太郎 共著

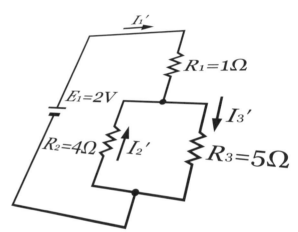

電波新聞社

はじめに

　問題を解く実力を身につけることに関して，関連する多くの基礎知識を着実に身につけ，根気強くこつこつと積み上げるというアプローチが定石であるとするならば，本書は定石から少し脇道にそれたものとなる。本スーパー解法シリーズは，「電気回路ポイントトレーニング」，「アナログ回路ポイントトレーニング」，「ディジタル回路ポイントトレーニング」の3冊構成とし，電気回路，アナログ回路，ディジタル回路に関する問題を細分し，必要な項目ごとに実力が身に付くようにした。すなわち，「手っ取り早く」そして「分かりやすく」力を身につけるための本である。

　著者らは約35年の間，電気，電子，情報に関する分野で学生たちと共に回路の解法について取り組んできた。教科書に従って基礎知識を養い，その応用として自らで回路を解く者や，解法のスマートさに感心させられることもあった。しかし，基礎知識は十分に身についているが，なかなか解にたどり着けない者も多く見られた。これらの学生に共通することは，基礎知識を組み合わせて解へ導く過程のどこかでつまずき，あと一歩が乗り越えられないのである。解法を理解すれば難なく解けるのである。著者らは，持ち合わせた知識から必要な部分を道具のごとく利用して，解答へむけてほぐしたり紡いだりすることを解法と考えている。

　本シリーズは，電気回路，アナログ回路，ディジタル回路に関して幅広く問題を取り上げ，解法（解き方）に視点をあてて書いたものである。各節は全て「ポイント」，「例題」，「練習問題」で構成し，始めの「ポイント」では，問題を解く上で必要とされる知識に絞り，解説を行った。続く例題を通して問題の解法を丁寧に示した。最後の「練習問題」では，実力が身に付いたことを確認するための問題を用意した。巻末の解答は，略解とせずに詳しい解法と解答を示した。また，節ごとに示した「キーワード」によって，あらかじめ節の概要を確認することができるので，索引と併用して活用いただきたい。

本書は電気回路の分野を次の6章で構成した。第1章「直流回路の基礎」，第2章「直流回路の計算」，第3章「交流回路の基礎」，第4章「交流回路の計算」，第5章「記号法による交流回路の計算法」，第6章「三相交流回路と非正弦交流」。これらの各節については，その独立性に配慮して解説した。必要なところから始める，演習問題が解けない箇所を取り組むなど，それぞれの読者に合った方法で効率良く進めて頂きたい。

　最後に，本書の出版を強く勧めて頂いた電波新聞社の細田武男氏と太田孝哉氏の両氏に厚く感謝の意を表したい。

2019年7月　著者ら記す

目 次

はじめに iii

1章 直流回路の基礎　　1

- 1.1 電気の流れ ……………………………………………………… 2
  - 練習問題 1 …………… 7
- 1.2 起電力と電気回路 …………………………………………… 8
  - 練習問題 2 …………… 13
- 1.3 オームの法則 ………………………………………………… 14
  - 練習問題 3 …………… 19
- 1.4 抵抗の接続 …………………………………………………… 20
  - 練習問題 4 …………… 25
- 1.5 分流器と倍率器 ……………………………………………… 28
  - 練習問題 5 …………… 33
- 1.6 導体の抵抗と温度係数 ……………………………………… 34
  - 練習問題 6 …………… 39
- 1.7 電池の接続 …………………………………………………… 40
  - 練習問題 8 …………… 45

2章 直流回路の計算　　47

- 2.1 キルヒホッフの法則 ………………………………………… 48
  - 練習問題 8 …………… 53
- 2.2 重ね合わせの理 ……………………………………………… 55
  - 練習問題 9 …………… 60
- 2.3 テブナンの定理 ……………………………………………… 61
  - 練習問題 10 …………… 66
- 2.4 ブリッジ回路 ………………………………………………… 67
  - 練習問題 11 …………… 72

2.5 ジュールの法則と電力 ·· *73*
　　練習問題 12········*78*
2.6 コンデンサの接続と蓄えられる電荷 ·· *79*
　　練習問題 13········*84*

3章 交流回路の基礎　　　　　　　　　　　　　　　　　　　　*85*

3.1 正弦波交流の表現 ·· *86*
　　練習問題 14········*91*
3.2 平均値と実効値 ·· *92*
　　練習問題 15········*97*
3.3 ベクトル表示 ·· *98*
　　練習問題 16········*103*
3.4 交流における抵抗とコイルの働き ·· *105*
　　練習問題 17········*110*
3.5 交流におけるコンデンサの働き ·· *111*
　　練習問題 18········*117*

4章 交流回路の計算　　　　　　　　　　　　　　　　　　　　*121*

4.1 RLC 並列回路 ·· *122*
　　練習問題 19········*127*
4.2 RL 直列回路，RC 直列回路 ·· *128*
　　練習問題 20········*133*
4.3 RLC 直列回路 ·· *136*
　　練習問題 21········*141*
4.4 交流電力 ·· *142*
　　練習問題 22········*147*

5章 記号法による交流回路の計算法　　*149*

- 5.1 複素数とベクトル ……………………………………………… *150*
  - 練習問題 23 …… *156*
- 5.2 記号法を用いた解法 ……………………………………………… *159*
  - 練習問題 24 …… *164*
- 5.3 *RLC* 直列回路，*RLC* 並列回路 ……………………………… *165*
  - 練習問題 25 …… *170*
- 5.4 記号法の応用 ……………………………………………………… *171*
  - 練習問題 26 …… *176*

6章 三相交流回路と非正弦交流　　*177*

- 6.1 三相交流の性質と表現 …………………………………………… *178*
  - 練習問題 27 …… *183*
- 6.2 Y－Y 結線 ………………………………………………………… *184*
  - 練習問題 28 …… *189*
- 6.3 Δ－Δ 結線 ………………………………………………………… *190*
  - 練習問題 29 …… *195*
- 6.4 ひずみ波交流 ……………………………………………………… *196*
  - 練習問題 30 …… *201*
- 6.5 過渡現象 …………………………………………………………… *202*
  - 練習問題 31 …… *207*
- 6.6 微分回路，積分回路 ……………………………………………… *209*
  - 練習問題 32 …… *214*

練習問題の解答 *215*

- **1章　直流回路の基礎** ·· *216*
  練習問題　1…*216*／練習問題　2…*216*／練習問題　3…*217*
  練習問題　4…*217*／練習問題　5…*218*／練習問題　6…*218*
  練習問題　7…*219*

- **2章　直流回路の計算** ·· *221*
  練習問題　8…*221*／練習問題　9…*222*／練習問題 10…*224*
  練習問題 11…*225*／練習問題 12…*226*／練習問題 13…*226*

- **3章　交流回路の基礎** ·· *227*
  練習問題 14…*227*／練習問題 15…*227*／練習問題 16…*228*
  練習問題 17…*228*／練習問題 18…*229*

- **4章　交流回路の計算** ·· *230*
  練習問題 19…*230*／練習問題 20…*230*／練習問題 21…*231*
  練習問題 22…*231*

- **5章　記号法による交流回路の計算法** ·· *233*
  練習問題 23…*233*／練習問題 24…*233*／練習問題 25…*234*
  練習問題 26…*234*

- **6章　三相交流回路と非正弦交流** ·· *236*
  練習問題 27…*236*／練習問題 28…*236*／練習問題 29…*237*
  練習問題 30…*238*／練習問題 31…*239*／練習問題 32…*239*

- **Q&A 1**　複雑な回路の合成抵抗 ··· *26*
- **Q&A 2**　キルヒホッフの法則の活用 ··· *54*
- **Q&A 3**　逆三角関数 $\tan^{-1}$ の考え方 ··· *104*
- **Q&A 4**　共振回路の利用 ··· *134*
- **Q&A 5**　交流回路におけるキルヒホッフの法則 ··································· *157*
- **Q&A 6**　コンデンサは直流を通すのか ··· *208*

- **コラム**　EMC 試験の必要性 ··· *118*

1章

直流回路の基礎

　電気回路は直流回路と交流回路とに大別されます。直流回路は電池やバッテリなどの直流電源を用いた電気回路であり，交流回路は家庭用 100 V などの交流電源を用いた電気回路です。

　本章では，直流回路を解くための基礎事項として，電気の流れ，起電力と電気回路，オームの法則，抵抗の接続，分流器と倍率器，導体の抵抗と温度係数，電池の接続を取り上げて，その計算法を学習します。特に，オームの法則は電気回路における電圧 V，電流 I，抵抗 R の関係を示すもので，使用頻度の高い重要事項です。

1.1 電気の流れ

1章 直流回路の基礎

キーワード

電気量 電子 自由電子 電子 電流 電位
導体 絶縁体 クーロン アンペア ボルト 1.60×10^{-19}
$I = \dfrac{Q}{t}$ [A]　$Q = It$ [C]

ポイント

(1) 電界

静電気（static electricity）の作用する空間を電界（electric field）と呼び，物体が電気を帯びる現象を帯電（electrification）するといいます。

(2) 電荷

帯電した物体が持っている電気量（quantity of electricity）を電荷（electric charge）といいます。電荷は記号 Q，単位 [C]（クーロン：coulomb）で示します。

(3) 電子

電荷の運び手となる電子（electron）1個の持っている電荷は，$1.60217653 \times 10^{-19}$ C ≒ 1.60×10^{-19} C です。本書では 1.60×10^{-19} C として扱います。

(4) 電流

電荷の流れが電流（electric current）であり，記号 I，単位 [A]（アンペア：ampere）で示します。ある点を毎秒1Cで電荷が通過するとき，その点を流れる電流の大きさは1Aです。

$$I = \dfrac{Q}{t} \text{ [A]} \quad \cdots\cdots\cdots\cdots\cdots\cdots 式\ 1.1\ （単位時間当たりの電荷）$$

$$Q = It \text{ [C]} \quad \cdots\cdots\cdots\cdots\cdots\cdots 式\ 1.2\ （電流と時間の積）$$

(5) 電流の方向

＋電荷の移動する方向を電流の方向としたため，実際には，－電荷である電子の流れと電流の流れは逆になります。

(6) 導体と絶縁体

物体中を移動しやすい電子を自由電子（free electron）と呼びます。自由電子が多い物体は電流が流れやすく導体（conductor）と呼ばれます。また，自由電

子が少ない物体は電流が流れにくく，絶縁体(insulator)または不導体と呼ばれます。代表的な導体には，金，銀，銅，鉄，アルミニウムなどの金属や食塩水などの電解液があります。代表的な絶縁体にはガラス，ゴム，空気などがあります。

(7) 電流の連続性

どの断面でも1秒当たりに通過する電荷は同じであり，流れる電流も等しくなります。

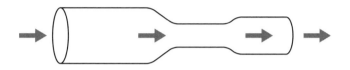

図1-1 電流の連続性

(8) 電位

電界中の一点Aを考えます。このA点に電界外（無限遠）より静電力に逆らって電荷＋1[C]を運ぶのに必要な仕事の大きさ[J]（joule：ジュール）を電位(electric potential)と呼び，記号V，単位[V]（ボルト：volt）で示します。

(9) 水位と電位

電気回路内の電気（電子）の流れを目で見ることは困難です。そこで，電流を水の流れのように考えると分かりやすくなります。図に水流と電流との対応を示します。水の場合は高水位から低水位へ，電流の場合は高電位から低電位へ，その水位差（電位差）に比例した量だけ流れます。

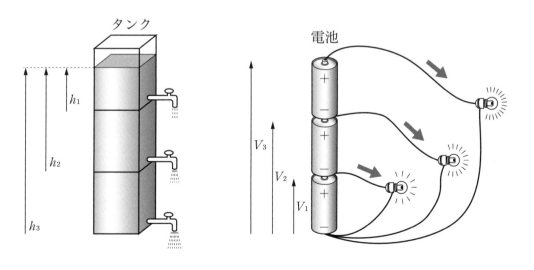

図1-2 水流と電流

例題 1
電荷1Cを運ぶために必要な電子の個数を求めよ。

解き方
電子1個につき 1.60×10^{-19} C の電荷を運ぶことができるので、合計で1Cとなる電子の個数を求めます。

解答
運ばれる電荷 Q [C]、電子の数 n [個]、電子1個当たりの電荷 1.60×10^{-19} C の間には、$Q = 1.60 \times 10^{-19} \times n$ が成立します。すなわち、

$$n = \frac{Q}{1.60 \times 10^{-19}} = \frac{1}{1.60 \times 10^{-19}} = 6.25 \times 10^{18} \text{ 個}$$

例題 2
ある導線を 2×10^{20} 個の電子が移動している。このとき運ばれる電荷は何[C]か。

解き方
電子1個が運ぶ電荷 1.60×10^{-19} C に電子の個数 n を掛けます。

解答
$$Q = 1.60 \times 10^{-19} \times n = 1.60 \times 10^{-19} \times 2 \times 10^{20} = 32 \text{ C}$$

例題 3
導線中を1s間に0.04Cの電荷が移動した。このとき何[A]の電流が流れたか。

解き方
流れる電流は単位時間当たりの電荷なので、$I = \dfrac{Q}{t}$ [A] より求めます。

解答
$$I = \frac{Q}{t} = 0.04 1 = 0.04 \text{ A } (40.0 \text{mA})$$

例題 4
導線に2Aの電流が1分間流れた。このとき移動した電荷は何[C]か。

1.1 電気の流れ

解き方

電荷は，流れる電流と時間の積なので $Q=It$ [C] より求めます。

解答

$$Q=It=2\times 60=120\,\text{C}$$

例題 5

3.2 A の電流が流れている導線の断面を毎秒何個の電子が通過しているか。

解き方

まず，電流 $I=3.2$ A より 1 秒当たりに移動する電荷 $Q=It$ [C] を求めます。次に，求めた電荷 Q を運ぶために必要な電子の個数 n を求めます。電子 1 個が運ぶことのできる電荷は 1.60×10^{-19} C です。

解答

$$Q=It=3.2\times 1=3.2\,\text{C},\quad n=\frac{3.2}{1.60\times 10^{-19}}=2\times 10^{19}\,\text{個}$$

例題 6

0.02 s 間に導線の断面を 5,000 億個の電子が通過した。このとき流れた電流は何 [A] か。

解き方

まず，1 秒間に移動する電子の個数 n より 1 秒当たりに移動する電荷 Q を求めます。求めた 1 秒当たりの電荷が電流 I です。

解答

1 秒間に移動する電子の個数 $n=\dfrac{5000\times 10^8}{0.02}=2.5\times 10^{13}$ 個

$$Q=1.60\times 10^{-19}\times n=1.60\times 10^{-19}\times 2.5\times 10^{13}=4.00\times 10^{-6}\,\text{C}$$

よって $I=4.00\times 10^{-6}$ A（$4.00\,\mu\text{A}$）

例題 7

電界中にある P 点を考える。この P 点に無限遠（電界の強さが 0 の点）から $Q=5$ C の電荷を移動するのに $W=10$ J のエネルギーを要した。P 点の電位 V_P は何 [V] か。

解き方

＋1Cの電荷の移動に1Jのエネルギーが必要なときの電位は1Vです。

したがって，P点の電位 $V_P = \dfrac{W}{Q}$ で求められます。

解答

P点の電位 $V_P = \dfrac{W}{Q} = \dfrac{10}{5} = 2\,\text{V}$

例題 8

図のように1.5Vの電池が接続されているとき，次の2点間の電位差を答えよ。（ここでは向きは考えずに絶対値を用いる。）

① A－B間　　② B－D間　　③ A－C間
④ B－C間　　⑤ B－F間　　⑥ E－F間

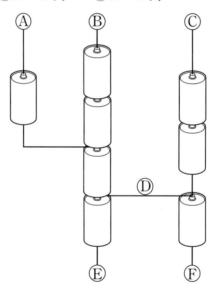

解き方

2点間の経路を考え，経路内の一番低い電位を基準としてそれぞれの電位の差を求めます。たとえばA－B間の場合，基準となる点（図のB－E中間点）に対して，A点の電位は1.5V，B点の電位は2×1.5Vであり，その差は1.5Vとなります。

解答

① 1.5V　② 4.5V　③ 0V　④ 1.5V　⑤ 6V　⑥ 0V

練習問題 1

1 電荷 10 C を運ぶために必要な電子の個数を求めよ。

2 ある導線を $n = 5 \times 10^{20}$ 個の電子が移動している。このとき運ばれる電荷は何 [C] か。

3 200 ms 間に 0.2 C の電荷が導線中を移動するとき，何 [A] の電流が流れるか。

4 導線に 50 A の電流が 3 分間流れた。このとき移動した電荷は何 [C] か。

5 4 A の電流が流れている導線の断面を毎秒何個の電子が通過しているか。

6 0.2 s 間に導線の断面を 15,000 億個の電子が通過した。このとき流れた電流は何 [A] か。

7 電界中にある P 点を考える。この P 点に無限遠から $Q = 2$ C の電荷を移動するのに $W = 50$ J のエネルギーを要した。P 点の電位 V_P は何 [V] か。

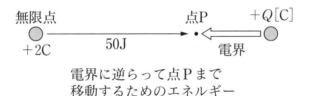

電界に逆らって点 P まで移動するためのエネルギー

1.2 起電力と電気回路

1章 直流回路の基礎

キーワード

起電力　電源　抵抗　負荷　オーム　単位　接頭語　電気回路
回路図記号　直流電流計　直流電圧計

ポイント

(1) 起電力

　導体間に一定の電位差を保持して電流を流す原動力を起電力（electro-motive force）と呼びます。起電力は記号 E，単位［V］を使用する。起電力の発生は摩擦，接触，化学的，電磁誘導，熱電現象，圧電現象などさまざまです。起電力を発生する代表的なものに電池，バッテリ，蓄電池，発電機などがあり，これらの装置を電源（power source）と呼びます。

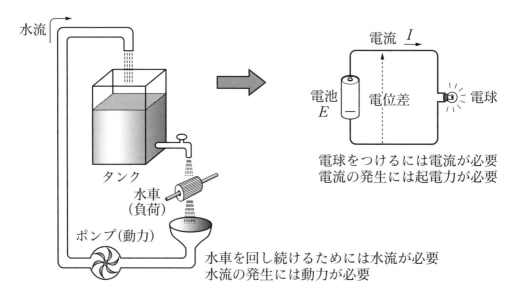

図 1-3　起電力

(2) 抵抗と負荷

　抵抗（resistance）は電流の流れを妨げる働きをします。記号 R，単位［Ω］（オーム：ohm）を用います。電球やモータなどの電源から電流の供給を受けて働くものを負荷（load）と呼びます。直流回路では負荷を抵抗に置き換えて捉えることができます。

(3) 基本電気回路図記号

表 1-1　基本電気回路図記号

直流電源（電池）	—┤├—
抵　　　　抗	—▭—
ラ　ン　プ	⊗
ス　イ　ッ　チ	—/—
直流電流計	Ⓐ
直流電圧計	Ⓥ

(4) 電流・電圧・抵抗

表 1-2　単位記号（電流・電圧・抵抗）

	記号	単位	読み	概念
電　流	I	A	アンペア ampere	電気の流れ
電　圧（電位）	V	V	ボルト volt	電気的圧力
抵　抗	R	Ω	オーム ohm	電流を妨げる

(5) 単位に付加する接頭語

表 1-3　単位の接頭語

倍数	読み		記号
10^{-3}	ミリ	milli	m
10^{-6}	マイクロ	micro	μ
10^{-9}	ナノ	nano	n
10^{-12}	ピコ	pico	p
10^{-15}	フェムト	femto	f
10^{-18}	アト	atto	a
10^{-21}	ゼプト	zepto	z
10^{-24}	ヨプト	yopto	y

倍数	読み		記号
10^{3}	キロ	kilo	k
10^{6}	メガ	mega	M
10^{9}	ギガ	giga	G
10^{12}	テラ	tera	T
10^{15}	ペタ	peta	P
10^{18}	エクサ	exa	E
10^{21}	ゼタ	zetta	Z
10^{24}	ヨタ	yotta	Y

例題 1

電流計は電流を測定する箇所に直列に接続し，電圧計は電圧を測定する箇所に並列に接続する。電流計と電圧計の接続例を図に示す。これら結線図を表1-1の回路図記号を用いて回路図に変換せよ。

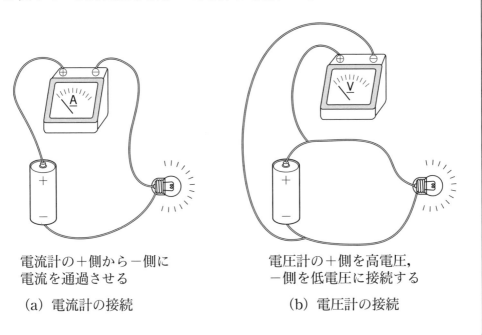

(a) 電流計の接続
電流計の＋側から－側に電流を通過させる

(b) 電圧計の接続
電圧計の＋側を高電圧，－側を低電圧に接続する

解き方

電源，電流計，電圧計，電球のそれぞれを表1-1の回路図記号を用いて表現します。回路図における配線は直線を使用し，分岐点には黒丸を付加します。

解答

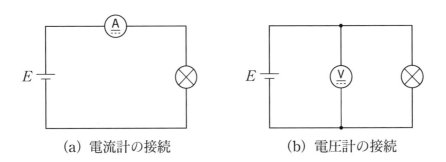

(a) 電流計の接続　　　(b) 電圧計の接続

例題 2

次の結線図を電気回路図として示せ。また，図中のA点を流れる電流Iの向きを矢印で示せ。ただし，スイッチはON状態とする。

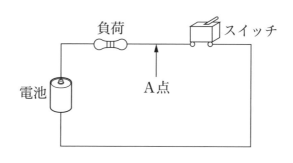

解き方

電池を電源E，負荷を抵抗Rとして，表1-1の回路図記号を用いて表現します。

解答

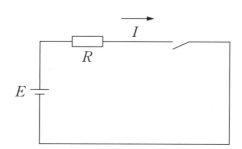

例題 3

次の文は，電流と電圧と抵抗について説明したものである。空欄 ① から ⑦ に適当な語句または記号を記入せよ。

電流Iは単位 ① が用いられ，電位の ② い方から ③ い方へと流れる。

電圧Vは単位 ④ が用いられ，その発生源を ⑤ という。

抵抗Rは単位 ⑥ が用いられ，電気の流れを妨げる（制限する）働きをする。したがって，電流が流れる経路にある抵抗の値が大きければ電流は流れ ⑦ なる。

解答

① A　　② 高　　③ 低　　④ V　　⑤ 電源　　⑥ Ω　　⑦ にくく

例題 4

次の問いに答えよ。
(1) 500 mA は何 [A] か。
(2) 0.4 mA は何 [μA] か。
(3) 4.5 kV は何 [V] か。
(4) 0.07 V は何 [mV] か。
(5) 600000 Ω は何 [MΩ] か。
(6) 0.33 MΩ は何 [kΩ] か。

解き方 1

一旦，接頭語のつかない基本の単位 [A]，[V]，[Ω] に直してから求めます。

(1) $500 \, \text{mA} = 500 \times 10^{-3} \text{A} = 500 \times \dfrac{1}{1000} = 0.5 \, \text{A}$

(2) $0.4 \, \text{mA} = 0.4 \times 10^{-3} \text{A} = 400 \times 10^{-6} \text{A} = 400 \, \mu\text{A}$

(3) $4.5 \, \text{kV} = 4.5 \times 10^{3} \text{V} = 4500 \, \text{V}$

(4) $0.07 \, \text{V} = 70 \times 10^{-3} \text{V} = 70 \, \text{mV}$

(5) $600000 \, \Omega = 0.6 \times 10^{6} \, \Omega = 0.6 \, \text{M}\Omega$

(6) $0.33 \, \text{M}\Omega = 0.33 \times 10^{6} \, \Omega = 0.33 \times 10^{3} \times 10^{3} \, \Omega = 330 \, \text{k}\Omega$

解き方 2

変換前後の接頭語に注目します。

(1) mA から A なので，単位が 10^3 倍となるので値は 10^3 分の 1 となります。
(2) mA から μA なので，単位が 10^{-3} 倍となるので値は 10^3 倍となります。
(3) kV から V なので，単位が 10^{-3} 倍となるので値は 10^3 倍となります。
(4) V から mV なので，単位が 10^{-3} 倍となるので値は 10^3 倍となります。
(5) Ω から MΩ なので，単位が 10^6 倍となるので値は 10^6 分の 1 となります。
(6) MΩ から kΩ なので，単位が 10^{-3} 倍となるので値は 10^3 倍となります。

解答

(1) 0.5 A　　(2) 400 μA　　(3) 4500 V
(4) 70 mV　　(5) 0.6 MΩ　　(6) 330 kΩ

練習問題 2

1 次に示す回路の抵抗 R_1, R_2, R_3 を流れる電流の向きをそれぞれ図示せよ。

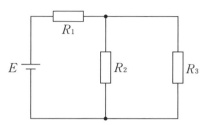

2 次の結線図を電気回路図として示せ。

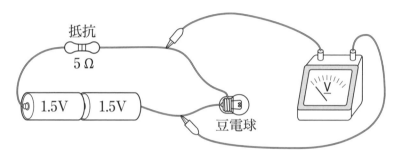

3 次の問に答えよ。

0.4 A は何 [mA] か。

2500 μA は何 [mA] か。

2700 V は何 [kV] か。

0.5 mV は何 [V] か。

20 MΩ は何 [Ω] か。

750 kΩ は何 [MΩ] か。

4 次に示す回路の節点 A, B, C, D の各電位を示せ。ただし節点 X の電位を基準 0 V (GND) とする。

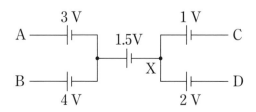

1.3 オームの法則

キーワード

オームの法則　電流は電圧に比例　電流は抵抗に反比例
コンダクタンス　$V=IR$　$I=\dfrac{V}{R}$　$R=\dfrac{V}{I}$　$I=GV$

ポイント

(1) オームの法則 (Ohm's law)

抵抗値 $R\,[\Omega]$ の導体に掛けられた電圧 $V\,[\mathrm{V}]$ と導体を流れる電流 $I\,[\mathrm{A}]$ との間には，次の式が成り立ちます。

$$V=IR \quad \cdots\cdots\text{式}1.3 \quad (\text{電圧に注目})$$

$$I=\dfrac{V}{R} \quad \cdots\cdots\text{式}1.4 \quad (\text{電流に注目})$$

$$R=\dfrac{V}{I} \quad \cdots\cdots\text{式}1.5 \quad (\text{抵抗に注目})$$

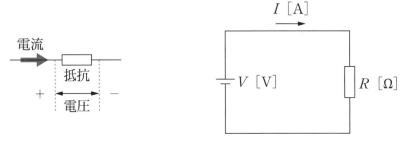

(a) 抵抗の両端に注目　　(b) 回路に注目

図1-4　オームの法則の関係

(2) コンダクタンス (conductance)

導体における電流の流れやすさを示すものとして，コンダクタンスが用いられます。コンダクタンスは，記号 G，単位 S （ジーメンス：siemens）が用いられます。

コンダクタンス $G\,[\mathrm{S}]$ は抵抗 $R\,[\Omega]$ の逆数です。

G を用いると，オームの法則は次式で示されます。

$$I = GV \,[\mathrm{A}] \quad \text{……………………………………………………… 式 1.6}$$

この式は，導体を流れる電流 I [A] は導体に掛けられた電圧 V [V] に比例する（比例定数 G [S]）ことを示しています。

(3) オームの法則の計測

次の図は，オームの法則における電流，電圧，抵抗の関係を測定する回路です。電圧を可変することのできる直流電源 E，可変抵抗 R，直流電流計，直流電圧計によって構成されています。

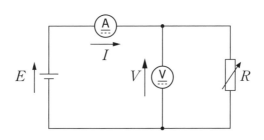

図 1-5　オームの法則の測定回路

測定結果を次のグラフに示します。図 (a) のグラフは抵抗を $R = 100\,\Omega$ に固定し，電圧を 1 V から 5 V に変化させて電流 I を求めたものです。電圧 V と電流 I は比例の関係にあることが分かります。図 (b) のグラフは電圧を $V = 5\,\mathrm{V}$ に固定し，抵抗を 50 Ω から 250 Ω に変化させて電流値 I を求めたものです。抵抗 R と電流 I は反比例の関係にあることが分かります。

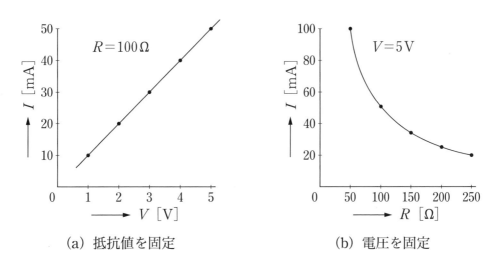

(a) 抵抗値を固定　　　　　　　(b) 電圧を固定

図 1-6　オームの法則の測定グラフ

例題 1

次の空欄 ① から ⑨ に適当な式または数値を入れよ。

図の回路について，電流 I と抵抗 R の値が分かっているときの電圧 V を求めるには，電圧に注目したオームの法則の式 $V=$ ① を用いる。たとえば，$I=50\,\text{mA}$, $R=1\,\text{k}\Omega$ のときの電圧は $V=$ ① $=$ ② $=$ ③ V である。

電圧 V と抵抗 R の値が分かっているときの電流 I を求めるには，電流に注目したオームの法則の式 $I=$ ④ を用いる。たとえば，$V=5\,\text{V}$, $R=10\,\text{k}\Omega$ のときの電流は $I=$ ④ $=$ ⑤ $=$ ⑥ mA である。

電圧 V と電流 I の値が分かっているときの抵抗 R を求めるには，抵抗に注目したオームの法則の式 $R=$ ⑦ を用いる。たとえば，$V=3\,\text{V}$, $I=0.1\,\text{mA}$ のときの抵抗は $R=$ ⑦ $=$ ⑧ $=$ ⑨ kΩ である。

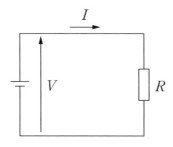

解き方

電圧，電流，抵抗を求めるそれぞれのオームの法則の式に，mA を $\frac{1}{1000}$ A，kΩ を $1000\,\Omega$ として当てはめます。

解答

① IR　② 0.05×1000　③ 50

④ $\dfrac{V}{R}$　⑤ $\dfrac{5}{10000}$　⑥ 0.5

⑦ $\dfrac{V}{I}$　⑧ $\dfrac{3}{0.0001}$　⑨ 30

例題 2

図 (a) に示す回路で，電源電圧 E を 0 から 10 V に変化させたときの電圧 E と電流 I との関係を (b) の表と (c) のグラフに示せ。ただし，抵抗 R は 200 Ω とする。

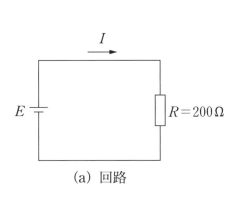

(a) 回路

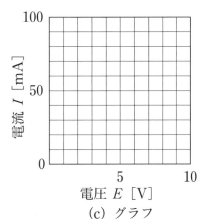

(c) グラフ

電源電圧 E [V]	0	2	4	6	8	10
電流 I [mA]						

(b) 表

解き方

電流に関するオームの法則の式 $I=\dfrac{V}{R}$ を用います。R は 200 Ω 固定であるので，$I=\dfrac{V}{R}=\dfrac{V}{200}$ [A] の電圧値 V に電源電圧 E の値（0 から 10 V）を代入して求めます。求める電流の単位が mA になっていることに注意しましょう。

解答

オームの法則 $I=\dfrac{V}{R}=\dfrac{V}{200}$ を用いて，

$$E=0\,\text{V}: I=\dfrac{V}{R}=\dfrac{0}{200}=0\,\text{mA} \quad E=2\,\text{V}: I=\dfrac{V}{R}=\dfrac{2}{200}=10\,\text{mA}$$

$$E=4\,\text{V}: I=\dfrac{V}{R}=\dfrac{4}{200}=20\,\text{mA} \quad E=6\,\text{V}: I=\dfrac{V}{R}=\dfrac{6}{200}=30\,\text{mA}$$

$$E=8\,\text{V}: I=\dfrac{V}{R}=\dfrac{8}{200}=40\,\text{mA} \quad E=10\,\text{V}: I=\dfrac{V}{R}=\dfrac{10}{200}=50\,\text{mA}$$

これらの結果を次頁の図 (a) と (b) にまとめます。

電源電圧 E [V]	0	2	4	6	8	10
電流 I [mA]	0	10	20	30	40	50

(a) 表

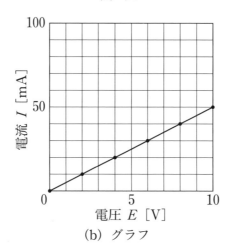

(b) グラフ

例題 3

次の問いに答えよ。

(1) 5 kΩ の抵抗に 30 V の電圧を加えると流れる電流は何 [mA] か。
(2) 40 Ω の抵抗に 20 mA の電流が流れている。抵抗の両端の電圧は何 [mV] か。
(3) ある抵抗に 5 V の電圧を加えたら 10 mA の電流が流れた。この抵抗値は何 [kΩ] か。

解き方

単位の接頭語 k を 1000 に，m を $\frac{1}{1000}$ に換算し，オームの法則に代入します。

解答

(1) $I = \dfrac{V}{R} = \dfrac{30}{5000} = 0.006\,\text{A} = 6\,\text{mA}$

(2) $V = IR = \dfrac{20}{1000} \times 40 = 0.8\,\text{V} = 800\,\text{mV}$

　別解法　$V = IR = 20\,\text{m} \times 40 = 800\,\text{mV}$（接頭語を残したまま計算します）

(3) $R = \dfrac{V}{I} = \dfrac{5}{\frac{10}{1000}} = 500\,\Omega = 0.5\,\text{k}\Omega$

練習問題 3

1 図の回路に関する(1)から(3)の問いに答えよ。

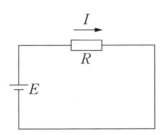

(1) $I=5\,\text{A}$，$R=4\,\Omega$ のとき，起電力 E を求めよ。
(2) $I=2\,\text{mA}$，$E=5\,\text{V}$ のとき，抵抗 R を求めよ。
(3) $E=1.5\,\text{V}$，$R=1\,\text{k}\Omega$ のとき，回路を流れる電流 I を求めよ。

2 図 (a) に示す回路で，可変抵抗 R を $2\,\Omega$ から $10\,\Omega$ に変化させたときの抵抗 R と電流 I との関係を (b) の表と (c) のグラフに示せ。ただし，電圧 E は $20\,\text{V}$ 一定とする。

$R\,[\Omega]$	2	4	6	8	10
$I\,[\text{A}]$					

(b)

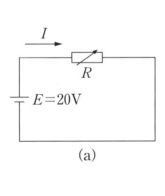

(a)

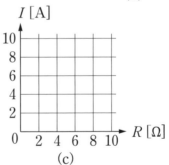

(c)

3 図の回路において R_1 を流れる電流 I_1 と R_2 を流れる電流 I_2 を求めよ。

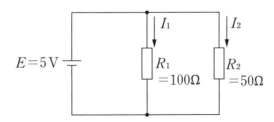

1.4 抵抗の接続

キーワード

直列接続　並列接続　合成抵抗　和分の積　$R=R_1+R_2+R_3+,\cdots,+R_n$

$R=\dfrac{1}{\dfrac{1}{R_1}+\dfrac{1}{R_2}+\dfrac{1}{R_3}+,\cdots,+\dfrac{1}{R_n}}$

ポイント

(1) 合成抵抗

電気回路を解く上で，複数の抵抗をまとめて合成抵抗（combined resistance）として扱うと分かりすくなります。合成抵抗は，直列接続（series connection）された部分と並列接続（parallel connection）された部分とに分けて考えます。

(2) 直列接続

①合成抵抗

R_1, R_2, R_3, $\cdots$, R_n を直列に接続した場合の合成抵抗 R は

$$R=R_1+R_2+R_3+,\cdots,+R_n \quad \cdots\cdots 式1.7$$

②各抵抗を流れる電流は一定です。

$$I=I_1=I_2=I_3,\cdots,=I_n \quad \cdots\cdots 式1.8$$

③各抵抗に加わる電圧は抵抗値に比例します。

$$V_i=R_iI_i=R_iI \quad \cdots\cdots 式1.9 \text{（抵抗} R_i \text{に関する）}$$

$$V_i=\dfrac{R_i}{R}V \quad \cdots\cdots 式1.10 \text{（抵抗} R_i \text{に関する）}$$

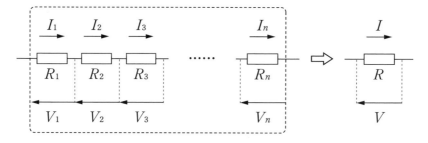

図 1-7　直列接続

④合成抵抗に加わる電圧は各抵抗に加わる電圧の和となります。

$$V=V_1+V_2+V_3,\cdots,+V_n \quad \cdots\cdots 式1.11$$

(3) 並列接続

①合成抵抗

$R_1, R_2, R_3, \cdots, R_n$ を並列に接続した場合の合成抵抗 R は

$$R = \cfrac{1}{\cfrac{1}{R_1} + \cfrac{1}{R_2} + \cfrac{1}{R_3} + , \cdots, + \cfrac{1}{R_n}} \quad \text{……式 1.12}$$

②各抵抗に加わる電圧は一定です。

$$V = V_1 = V_2 = V_3, \cdots, = V_n \quad \text{……式 1.13}$$

③各抵抗を流れる電流は抵抗値に反比例します。

$$I_i = \frac{1}{R_i} V_i = \frac{1}{R_i} V \quad \text{……式 1.14(抵抗 } R_i \text{ に関する)}$$

$$I_i = \frac{R}{R_i} I \quad \text{……式 1.15(抵抗 } R_i \text{ に関する)}$$

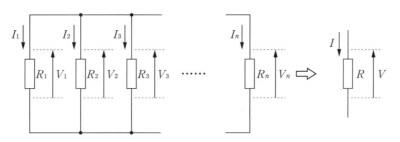

図 1-8　合成抵抗（並列接続）

④合成抵抗を流れる電流は各抵抗を流れる電流の和となります。

$$I = I_1 + I_2 + I_3, \cdots, + I_n \quad \text{……式 1.16}$$

(4) 二つの抵抗の直列接続，並列接続

抵抗 R_1 と R_2 の直列接続と並列接続を以下に例示します。

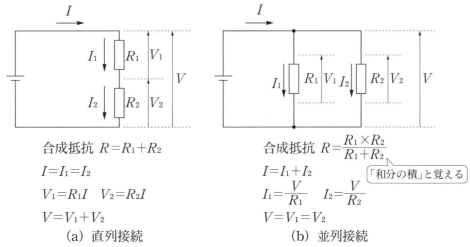

(a) 直列接続　　　　　　(b) 並列接続

図 1-9　R_1 と R_2 の接続

例題 1

次の文は抵抗の接続に関するものである。空欄 ① から ④ に適当な語句を記入せよ。

直列に抵抗を接続した場合は，回路全体の合成抵抗は ① くなり，電流は流れ ② くなる。

並列に抵抗を接続した場合は，回路全体の合成抵抗は ③ くなり，電流は流れ ④ くなる。

解き方

図のように水を流すパイプをイメージして考えましょう。

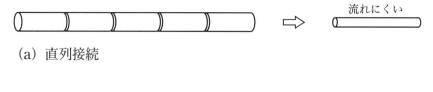

(a) 直列接続

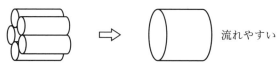

(b) 並列接続

解答
① 大き　② にく　③ 小さ　④ やす

例題 2

図の回路で，$E=20\,\text{V}$, $R_1=5\,\Omega$, $R_2=2\,\Omega$, $R_3=3\,\Omega$ のとき，次の(1)から(3)の問いに答えよ。

(1) a−b間の抵抗を求めよ。
(2) 回路を流れる電流 I を求めよ。
(3) R_1, R_2, R_3 にかかる電圧 V_1, V_2, V_3 を求めよ。

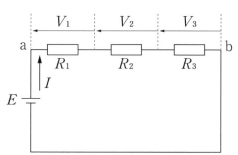

解き方

(1) R_1, R_2, R_3 の直列接続の合成抵抗を求めます。

(2) 電源電圧 E を電圧 V, 回路全体の抵抗値を R として, オームの法則 $I = \dfrac{V}{R}$ に代入します。

(3) 直列接続した抵抗を流れる電流は一定であることから, (2)で求めた電流 I とそれぞれの抵抗値をオームの法則 $V = IR$ に代入します。

(3)**別解**: 直列接続の場合は, 各抵抗に掛かる電圧は抵抗値に比例するので,
$$V_i = \dfrac{R_i}{R} V \text{で求めます。}$$

解答

(1) $R = R_1 + R_2 + R_3 = 5 + 2 + 3 = 10\,\Omega$

(2) $I = \dfrac{V}{R} = \dfrac{20}{10} = 2\,\text{A}$

(3) $V_1 = R_1 I = 5 \times 2 = 10\,\text{V}$ $V_2 = R_2 I = 2 \times 2 = 4\,\text{V}$ $V_3 = R_3 I = 3 \times 2 = 6\,\text{V}$

例題 3

図の回路で, $E = 20\,\text{V}$, $R_1 = 5\,\Omega$, $R_2 = 15\,\Omega$ のとき, 次の(1)から(3)の問いに答えよ。

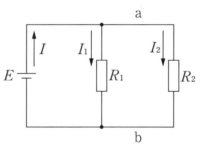

(1) a–b 間の抵抗を求めよ。
(2) 回路を流れる電流 I を求めよ。
(3) R_1, R_2 を流れる電流 I_1, I_2 を求めよ。

解き方

(1) R_1, R_2 の並列接続の合成抵抗（和分の積）を求めます。

(2) 電源電圧 E を電圧 V, 回路全体の抵抗値を R として, オームの法則,
$I = \dfrac{V}{R}$ に代入します。

(3) 並列接続した抵抗に加わる電圧は一定であることから，電圧 V とそれぞれの抵抗値をオームの法則 $I=\dfrac{V}{R}$ に代入します。

(3)**別解** 並列接続の場合は，各抵抗を流れる電流は抵抗値に反比例するので，$I_i=\dfrac{R}{R_i}I$ で求めます。

解答

(1) $R=\dfrac{R_1 R_2}{R_1+R_2}=\dfrac{5\times 15}{5+15}=\dfrac{75}{20}=3.75\,\Omega$

(2) $I=\dfrac{V}{R}=\dfrac{20}{3.75}\fallingdotseq 5.33\,\mathrm{A}$

(3) $I_1=\dfrac{V}{R_1}=\dfrac{20}{5}=4\,\mathrm{A}$　$I_2=\dfrac{V}{R_2}=\dfrac{20}{15}\fallingdotseq 1.33\,\mathrm{A}$

例題 4

図に示す直並列接続された抵抗の合成抵抗値を求めよ。

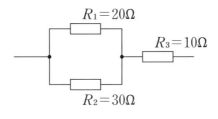

解き方

R_1 と R_2 との並列合成抵抗に対する R_3 の直列合成抵抗を求めます。

解答

$$R=\dfrac{R_1 R_2}{R_1+R_2}+R_3=\dfrac{20\times 30}{20+30}+10=22\,\Omega$$

練習問題 4

1 次の(1)から(6)の回路の合成抵抗を求めよ。

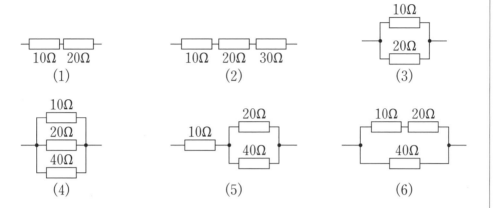

2 図の回路に関する(1)から(4)の問いに答えよ。
(1) a−b 間の合成抵抗 R を求めよ。
(2) 回路を流れる電流 I を求めよ。
(3) R_1, R_2, R_3 にかかる電圧 V_1, V_2, V_3 を求めよ。
(4) R_1, R_2, R_3 を流れる電流 I_1, I_2, I_3 を求めよ。

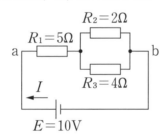

3 図の回路に関する(1)から(4)の問いに答えよ。
(1) a−b 間の合成抵抗 R を求めよ。
(2) 回路を流れる電流 I を求めよ。
(3) R_1, R_2, R_3 を流れる電流 I_1, I_2, I_3 を求めよ。
(4) R_1, R_2, R_3 にかかる電圧 V_1, V_2, V_3 を求めよ。

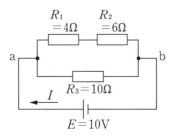

Q&A 1 複雑な回路の合成抵抗

Q 図のような回路について,端子A-B間の合成抵抗を求めたいのですが,直列接続と並列接続が入り組んでいるためよくわかりません。どのように考えたらよいのでしょうか? Rは,10kΩです。

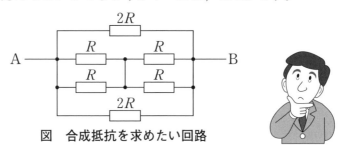

図 合成抵抗を求めたい回路

A この回路は,一見すると入り組んでいるように見えますが,変形していけば3本の抵抗($2R$, R, $2R$)が並列接続されている回路と同じあることがわかります。このように考えれば,回路の合成抵抗R_0を求めることができます。

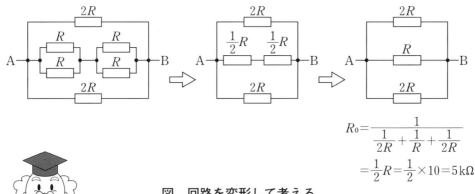

$$R_0 = \frac{1}{\frac{1}{2R} + \frac{1}{R} + \frac{1}{2R}}$$
$$= \frac{1}{2}R = \frac{1}{2} \times 10 = 5\text{k}\Omega$$

図 回路を変形して考える

別解として,回路の対称性に着目した合成抵抗の求め方を紹介しましょう。元の回路を上下に分けて考えます。すると,上下の回路は対称的に同じ形をしており,対応する抵抗も同じ値になっています。このような対称性をもった回路では,互いに対応する点の電位が同じになります。例えば,点Xと点Yの電位は同じになります。このため,点Xと点Yの間には電流が流れません。

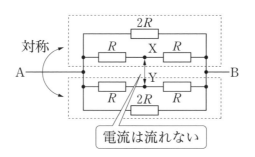

図　回路を上下2つの部分に分けて考える

従って，点Xと点Yの配線を切り離して下図のように考えることができます。これにより，端子A－B間の合成抵抗R_0は，上部回路の合成抵抗Rと下部回路の合成抵抗Rの並列合成抵抗として計算できます。

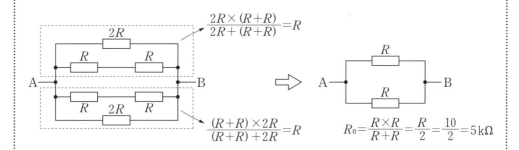

図　電流の流れない線を消した回路

また，キルヒホッフの法則を使って合成抵抗を求めることもできます。この方法についてはQ＆A2（54ページ）で説明します。

1章 直流回路の基礎
1.5 分流器と倍率器

キーワード

内部抵抗　分流器　測定電流範囲の拡大　倍率器

測定電圧範囲の拡大　$I=\left(1+\dfrac{r_a}{R_s}\right)I_a$　$V=\left(1+\dfrac{R_m}{r_v}\right)V_v$

ポイント

(1) 内部抵抗

電流計や電圧計などの測定器自身の持つ抵抗のことを内部抵抗と呼びます。

(2) 分流器（shunt）の接続

電流計の測定範囲を拡大するために電流計と並列に接続する抵抗を分流器と呼びます。電流の一部を分流器側に分流して大きな電流を測定します。

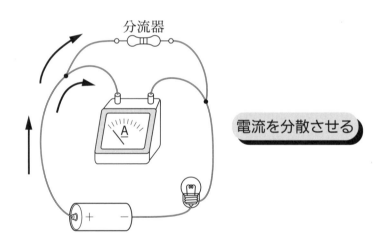

図1-10　分流器の接続

(3) 分流器の計算

内部抵抗 $r_a[\Omega]$ の電流計に $R_s[\Omega]$ の分流器を接続した回路を示します。測定電流は，電流計の読みである電流値 I_a に分流器の倍率 m を掛けて求めます。

$$I=\left(1+\dfrac{r_a}{R_s}\right)I_a \quad \cdots\cdots 式1.17$$

$$I=mI_a \quad ただし\ m=1+\dfrac{r_a}{R_s} \quad \cdots\cdots 式1.18$$

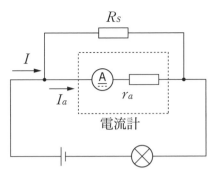

図 1-11　分流器を用いた測定回路

(4) 倍率器 (multiplier) の接続

電圧計の測定範囲を拡大するために電圧計と直列に接続する抵抗を倍率器と呼びます。電圧の一部を倍率器と分圧することによって大きな電圧を測定します。

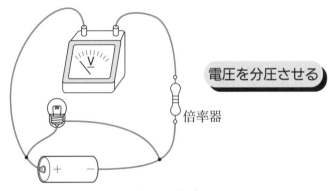

図 1-12　倍率器の接続

(5) 倍率器の計算

内部抵抗 r_v [Ω] の電圧計に R_m [Ω] の倍率器を接続した回路を示します。測定電圧は，電圧計の読みである電圧 V_v に倍率器の倍率 n を掛けて求めます。

$$V = \left(1 + \frac{R_m}{r_v}\right) V_v \quad \cdots\cdots 式1.19$$

$$V = nV_v \quad ただし\ n = 1 + \frac{R_m}{r_v} \quad \cdots\cdots 式1.20$$

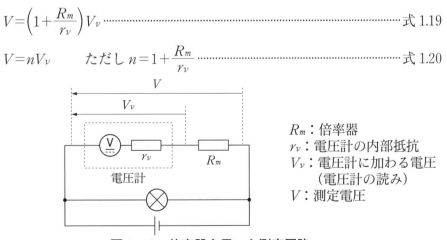

R_m：倍率器
r_v：電圧計の内部抵抗
V_v：電圧計に加わる電圧
　　　（電圧計の読み）
V：測定電圧

図 1-13　倍率器を用いた測定回路

例題 1

図の回路において電流計の読み I_a は 10 mA であった。電流計の内部抵抗 $r_a=5\,\Omega$，分流器の値 $R_s=0.5\,\Omega$ のとき，回路の電流 I を求めよ。

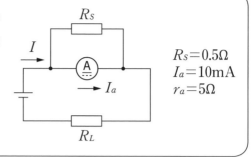

$R_s=0.5\,\Omega$
$I_a=10\,\text{mA}$
$r_a=5\,\Omega$

解き方

回路図には電流計の内部抵抗 r_a が示されていませんが，分流器の倍率は $m=1+\dfrac{r_a}{R_s}$ より求められます。求めた m を使用して，回路の電流 $I=mI_a$ を計算します。

解答

$$m=1+\frac{r_a}{R_s}=1+\frac{5}{0.5}=11 \qquad I=mI_a=11\times 10\,\text{mA}=110\,\text{mA}$$

例題 2

図の回路において電圧計の読み V_v は 20 V であった。電圧計の内部抵抗 $r_v=10\,\text{k}\Omega$，倍率器の値 $R_m=50\,\text{k}\Omega$ のとき，回路の電圧 V を求めよ。

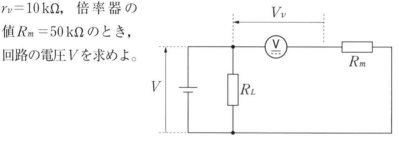

$R_m=50\,\text{k}\Omega$
$V_v=20\,\text{V}$
$r_v=10\,\text{k}\Omega$

解き方

まず，V が電圧計と倍率器の直列部の電圧であることを回路図から読み取ります。次に，回路図には電圧計の内部抵抗 r_v が示されていませんが，倍率器の倍率は，$n=1+\dfrac{R_m}{r_v}$ より求められます。求めた n を使用して，回路の電圧 $V=nV_v$ を計算します。

解答

$$n=1+\frac{R_m}{r_v}=1+\frac{50000}{10000}=6 \quad V=nV_v=6\times 20\,\text{V}=120\,\text{V}$$

例題 3

最大目盛が 100 mA の電流計を用いて，最大 1 A の電流を測定したい。最低何 [Ω] の分流器を使用する必要があるか。ただし，電流計の内部抵抗は 5 Ω である。

解き方

まず，必要な倍率 m を求めます。次に倍率 m を満たす分流器の値を求めます。

解答

$$分流器の倍率\, m = \frac{測定しようとする電流値}{電流計の最大目盛}$$

$$= \frac{1}{100 \times 10^{-3}} = 10$$

$m = 1 + \dfrac{r_a}{R_s}$ より $R_s = \dfrac{r_a}{m-1} = \dfrac{5}{10-1} \fallingdotseq 0.56\,\Omega$

例題 4

最大目盛が 10 V の電圧計を用いて，最大 150 V の電圧を測定したい。最低何 [Ω] の倍率器を使用する必要があるか。ただし，電圧計の内部抵抗は 10 kΩ である。

解き方

まず，必要な倍率 n を求めます。次に倍率 n を満たす倍率器の値を求めます。

解答

$$倍率器の倍率\, n = \frac{測定しようとする電圧値}{電圧計の最大目盛}$$

$$= \frac{150}{10} = 15$$

$n = 1 + \dfrac{R_m}{r_v}$ より $R_m = (n-1)r_v = (15-1) \times 10\,\text{k}\Omega = 140\,\text{k}\Omega$

例題 5

図は内部抵抗 r_a の電流計に抵抗値 R_s の分流器を接続したものである。この図を用いて分流器の倍率が $m = 1 + \dfrac{r_a}{R_s}$ であることを証明せよ。

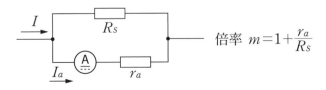

倍率 $m = 1 + \dfrac{r_a}{R_s}$

解き方

電流計と分流器に加わる電圧が等しいことに注目して等式を立てます。分流器への分岐電流は $I-I_a$ です。分流器の倍率 $\dfrac{I}{I_a}$ が左辺になるように等式を変形します。

解答

$I_a r_a = (I-I_a)R_s = IR_s - I_a R_s$ （電流計の電圧と分流器の電圧は等しい）

$I_a r_a + I_a R_s = I_a(r_a + R_s) = IR_s$ （式を変形）

$\therefore\ m = \dfrac{I}{I_a} = \dfrac{r_a + R_s}{R_s} = 1 + \dfrac{r_a}{R_s}$

例題 6

図は内部抵抗 r_v の電圧計に抵抗値 R_m の倍率器を接続したものである。この図を用いて倍率器の倍率が $n = 1 + \dfrac{R_m}{r_v}$ であることを証明せよ。

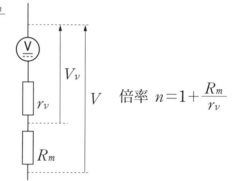

倍率 $n = 1 + \dfrac{R_m}{r_v}$

解き方

電圧計を流れる電流と全体の電流が等しいことに注目して等式を立てます。倍率器の倍率 $\dfrac{V}{V_v}$ が左辺になるように等式を変形して導きます。

解答

$\dfrac{V_v}{r_v} = \dfrac{V}{R_m + r_v}$ （電圧計の電流と全体の電流は等しい）

$V_v(R_m + r_v) = V r_v$ （式を変形）

$\therefore\ n = \dfrac{V}{V_v} = \dfrac{R_m + r_v}{r_v} = 1 + \dfrac{R_m}{r_v}$

練習問題 5

1 図の回路において電流計の読み I_a は 5 mA であった。電流計の内部抵抗 $r_a = 1\,\Omega$，分流器の値 $R_s = 0.2\,\Omega$ のとき，回路を流れる電流 I を求めよ。

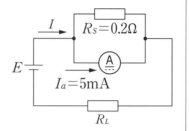

2 図の回路において電圧計の読み V_v は 0.1 V であった。電圧計の内部抵抗 $r_v = 1\,\mathrm{k}\Omega$，倍率器の値 $R_m = 100\,\mathrm{k}\Omega$ のとき，回路の起電力 E を求めよ。

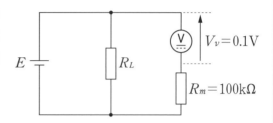

3 最大目盛が 100 mA の電流計を用いて最大 20 A の電流を測定したい。最低何 [Ω] の分流器を使用する必要があるか。ただし，電流計の内部抵抗は 2 Ω である。

4 最大目盛が 1 V の電圧計を用いて最大 50 V の電圧を測定したい。最低何 [Ω] の倍率器を使用する必要があるか。ただし，電圧計の内部抵抗は 4 kΩ である。

5 図の回路を，電流計と電圧計の内部抵抗を考慮した回路にせよ。ただし，電流計の内部抵抗 $r_a = 4\,\Omega$，電圧計の内部抵抗 $r_v = 10\,\mathrm{k}\Omega$ とする。

また，電流計は 50 mA を示し，電圧計は 5 V を示した。このときの電流 I と電圧 V を求めよ。

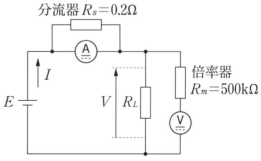

1.6 導体の抵抗と温度係数

1章 直流回路の基礎

キーワード

抵抗率　導電率　抵抗は長さに比例　抵抗は断面積に反比例
抵抗の温度係数

$$R = \rho \frac{l}{A} \quad \sigma = \frac{1}{\rho} \quad R_T = R_t + \alpha_t(T-t)R_t$$

ポイント

(1) 抵抗率 (resistivity)

断面積 $1\,\text{m}^2$, 長さ $1\,\text{m}$ の導体の抵抗 $R\,[\Omega]$ を抵抗率 ρ（ロー）と呼び, 単位 $[\Omega\cdot\text{m}]$ で表します。

長さ $l\,[\text{m}]$, 断面積 $A\,[\text{m}^2]$, 抵抗率 $\rho\,[\Omega\cdot\text{m}]$ の導体の抵抗 $R\,[\Omega]$ は次式で示されます。

$$R = \rho \frac{l}{A}\,[\Omega] \quad \cdots\cdots 式1.21$$

A：断面積 $[\text{m}^2]$
l：長さ $[\text{m}]$
ρ：抵抗率 $[\Omega\cdot\text{m}]$

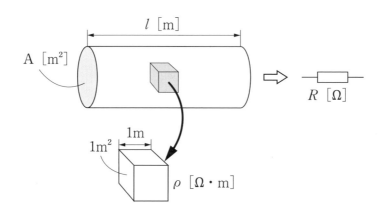

図1-14　抵抗率

(2) 導電率（electric conductivity）

導電率 σ（シグマ）は，導体における電流の流れやすさを示すもので，抵抗率 ρ の逆数となり，単位 [S/m] を用います。

$$\sigma = \frac{1}{\rho} \, [\text{S/m}] \quad \cdots\cdots\cdots\cdots\cdots\cdots\cdots\cdots\cdots\cdots\cdots\cdots\cdots\cdots\cdots\cdots\cdots\cdots\cdots\cdots\cdots\cdots \text{式 1.22}$$

$$\rho = \frac{1}{\sigma} \, [\Omega \cdot \text{m}] \quad \cdots\cdots\cdots\cdots\cdots\cdots\cdots\cdots\cdots\cdots\cdots\cdots\cdots\cdots\cdots\cdots\cdots\cdots\cdots\cdots \text{式 1.23}$$

表に主な金属の抵抗率を示す。

表 1-4　主な金属の抵抗率

金属	抵抗率 ρ [$\Omega \cdot$m] $\times 10^{-8}$	
	0℃	100℃
銅	1.55	2.23
銀	1.47	2.08
金	2.05	2.88
白金	9.81	13.6
鉄（純）	8.9	14.7
鉛	19.2	27
アルミニウム	2.5	3.55

(3) 抵抗の温度係数

抵抗の温度係数 α（アルファ）は，導体の温度が 1℃ 上昇したときに抵抗値が変化する割合を示したもので，単位 [℃$^{-1}$] を用います。

t [℃] のときの抵抗値と抵抗の温度係数をそれぞれ R_t [Ω]，α_t としたときの T [℃] における抵抗値 R_T [Ω] は次式で示されます。

$$\begin{aligned} R_T &= R_t + \alpha_t(T-t)R_t \\ &= R_t\{1 + \alpha_t(T-t)\} \, [\Omega] \end{aligned} \quad \cdots\cdots\cdots\cdots\cdots\cdots\cdots \text{式 1.24}$$

ここで $\alpha_t(T-t)R_t$ は温度変化 $T-t$ [℃] における抵抗値の変化を示します。

例題 1

次の空欄 ① から ⑥ に適当な語句を記入せよ。

導体の抵抗 $R[\Omega]$ は，その長さに ① し，断面積に ② する。抵抗率 $\rho[\Omega\cdot m]$ は，導体における電流の流れにくさを表したもので，値が ③ いほど電流は流れにくくなる。導電率 $\sigma[S/m]$ は，導体における電流の流れやすさを表したもので，値が ④ いほど電流は流れやすくなる。抵抗の温度係数 $\alpha[℃^{-1}]$ は，導体の温度上昇に対する抵抗値の変化の割合を表したもので，値が正の場合は，温度上昇に対して抵抗値は ⑤ くなり，負の場合は，温度上昇に対して抵抗値は ⑥ くなる。

解答
① 比例　② 反比例　③ 大き　④ 大き　⑤ 大き　⑥ 小さ

例題 2

図の導線の抵抗は何 $[\Omega]$ か。ただし，導線の抵抗率は $2.35\times10^{-8}[\Omega\cdot m]$ とする。

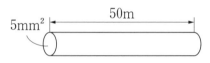

解き方

$R=\rho\dfrac{l}{A}[\Omega]$ の式に $\rho[\Omega\cdot m]$：導線の抵抗率，$l[m]$：長さ，$A[m^2]$：断面積を代入して求めます。断面積は図に示されている単位 mm^2 を m^2 に直してから代入します。$5\,mm^2$ は $5\,mm\times1\,mm$ なので，$5\times10^{-3}\,m\times1\times10^{-3}\,m=5\times10^{-6}\,m^2$
$(0.005\,m\times0.001\,m=0.000005\,m^2)$

解答

$$R=\rho\frac{l}{A}=2.35\times10^{-8}\times50\div(5\times10^{-6})\fallingdotseq0.235\,\Omega$$

1.6 導体の抵抗と温度係数

例題 3

300℃の時の銅の抵抗率は $3.6 \times 10^{-8}\,\Omega\cdot\mathrm{m}$ である。この場合，導電率はいくらになるか。

解き方

導電率 σ [S/m] は，抵抗率 ρ [Ω·m] の逆数です。

解答

$$\sigma = \frac{1}{\rho} = \frac{1}{3.6} \times 10^8 \fallingdotseq 27.8 \times 10^6\,\mathrm{S/m}$$

例題 4

直径 2.4 mm，長さ 1 km の銅線の抵抗はいくらか。銅線の抵抗率を $1.77 \times 10^{-8}\,\Omega\cdot\mathrm{m}$ として計算せよ。

解き方

式 $R = \rho \dfrac{l}{A}$ [Ω] に抵抗率 ρ，長さ l，断面積 A を代入して求めます。長さの単位を m，断面積の単位を m² とします。

解答

抵抗率 $\rho = 1.77 \times 10^{-8}\,\Omega\cdot\mathrm{m}$

長さ $l = 1\,\mathrm{km} = 1000\,\mathrm{m}$

断面積 $A = $ 半径$^2 \times \pi$

$$= \frac{2.4}{2} \times 10^{-3} \times \frac{2.4}{2} \times 10^{-3} \times \pi = 1.44\pi \times 10^{-6}\,\mathrm{m^2}$$

これらの値を用いて，

$$R = \rho \frac{l}{A} = 1.77 \times 10^{-8} \times \frac{1000}{1.44\pi \times 10^{-6}} \fallingdotseq 3.91\,\Omega$$

例題 5

温度が 25℃ のとき，抵抗が 20Ω，温度係数が 0.005℃$^{-1}$ の導線がある。温度を 100℃ にしたときの抵抗値はいくらになるか。

解き方

$T=100$℃ のときの抵抗値を R_{100}，$t=25$℃ のときの抵抗値と温度係数をそれぞれ R_{25}，$α_{25}$ とし，式 $R_T=R_t+α_t(T-t)R_t$ に代入して求めます。

解答

$R_{100}=R_{25}+α_{25}(100-25)R_{25}=20+0.005×(100-25)×20=27.5$ Ω

例題 6

ある物質の抵抗値が，20℃ のときに 40Ω，60℃ のときに 45Ω であった。この物質の 20℃ のときの温度係数を求めよ。

解き方

まず，式 $R_T=R_t+α_t(T-t)R_t$ を温度係数 $α_t$ を導出する式に変形します。

$$α_t=\frac{(R_T-R_t)}{(T-t)R_t}$$

次に $T=60$℃ のときの抵抗値を R_{60}，$t=20$℃ のときの抵抗値と温度係数をそれぞれ R_{20}，$α_{20}$ として代入します。

温度[℃]	20	60
抵抗値[Ω]	40	45
	⇩	⇩
	R_{20}	R_{60}

解答

$T=60$℃ のときの抵抗値は $R_{60}=45$ Ω，$t=20$℃ のときの抵抗値は $R_{20}=40$ Ω であり，これらの値を $α_{20}=\dfrac{(R_{60}-R_{20})}{(60-20)R_{20}}$ に代入すると，

$$α_{20}=\frac{(R_{60}-R_{20})}{(60-20)R_{20}}=\frac{(45-40)}{(60-20)×40}≒0.00313 ℃^{-1}$$

練習問題 6

1 図の導線の抵抗は何［Ω］か。ただし、導線の抵抗率は1.77×10^{-8} Ω・mとする。

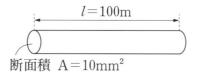

2 200℃の時の抵抗率が8.4×10^{-8} Ω・mである導線がある。この場合の導電率はいくらになるか。

3 直径25 mm、長さ1 kmの銅線の抵抗はいくらか。銅線の抵抗率を1.77×10^{-8} Ω・mとして計算せよ。

4 温度が20℃のとき、抵抗が10 Ω、温度係数が0.008 ℃$^{-1}$の導線がある。温度を150℃にしたときの抵抗値はいくらになるか。

5 ある物質の抵抗値が、25℃のときに50 Ω、100℃のときに70 Ωであった。この物質の25℃のときの温度係数を求めよ。

6 図のように接続された導線がある。この導線について次の問いに答えよ。ただし25℃のときの抵抗率と温度係数は、鉄の場合は$\rho = 9.8 \times 10^{-8}$ Ω・m、$\alpha = 6.6 \times 10^{-3}$ ℃$^{-1}$、アルミニウムの場合は、$\rho = 2.75 \times 10^{-8}$ Ω・m、$\alpha = 4.2 \times 10^{-3}$ ℃$^{-1}$とする。

(1) 25℃のときの導線の抵抗を求めよ。
(2) 100℃のときの導線の抵抗を求めよ。

1章 直流回路の基礎

1.7 電池の接続

キーワード

内部抵抗　直列接続　並列接続　電池の容量　$V=E-Ir$

$I=\dfrac{V}{R}=\dfrac{mE}{mr+R_L}$　$I=\dfrac{V}{R}=\dfrac{E}{\dfrac{r}{n}+R_L}$　$W=IH$

ポイント

(1) 電池の内部抵抗

電気回路の直流電源として電池が用いられますが，電池自身に内部抵抗 (internal resistance) があるため，流す電流の大きさによってその端子電圧は変化します。図に内部抵抗を考慮した電池の回路を示します。

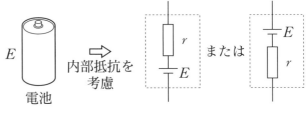

図1-15　電池の内部抵抗

(2) 電池の端子電圧

起電力をE，流れ出る電流をI，内部抵抗をrとすると，内部抵抗を考慮した電池の端子電圧Vは次式で示されます。式において，Ir[V]は内部抵抗による電圧降下です。

$$V=E-Ir\,[\text{V}] \quad\quad\quad\quad\quad\quad\quad\quad\quad\quad\quad\quad\quad\quad\text{式 1.25}$$

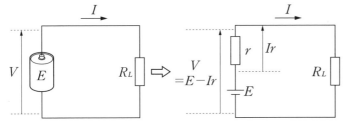

E：電池の起電力
I：電池から流れ出る電流
r：電池の内部抵抗
R_L：負荷

図1-16　電池の端子電圧

(3) 電池の直列接続

起電力E[V]，内部抵抗r[Ω]の電池を直列にm個接続した場合，起電力mE

[V]，内部抵抗 mr [Ω] の電池としてまとめて扱うことができます。

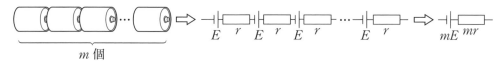

図 1-17　電池の直列接続

(4) 電池の並列接続

起電力 E [V]，内部抵抗 r [Ω] の電池を並列に n 個接続した場合，起電力 E [V]，内部抵抗 $\dfrac{r}{n}$ [Ω] の電池としてまとめて扱うことができます。

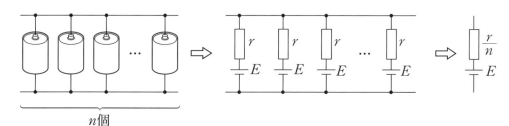

図 1-18　電池の並列接続

(5) 電池の接続回路

m 個の電池を直列に接続した次の回路 (a) において，流れ出る電流は次式で示されます。

$$I = \frac{V}{R} = \frac{mE}{mr + R_L} \quad \cdots\cdots 式1.26$$

n 個の電池を並列に接続した次の回路 (b) において，流れ出る電流は次式で示されます。

$$I = \frac{V}{R} = \frac{E}{\dfrac{r}{n} + R_L} \quad \cdots\cdots 式1.27$$

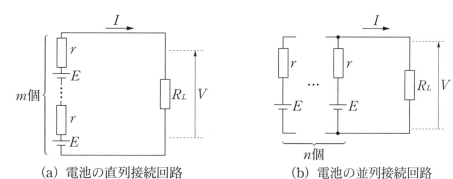

(a) 電池の直列接続回路　　(b) 電池の並列接続回路

図 1-19　電池の接続回路

(6) 電池の容量

I［A］の電流を H［h：時間］流すことのできる電池の容量 W［A·h］は次式で示されます。

$$W = IH \, [\text{A·h}] \quad \cdots\cdots\cdots\cdots\cdots\cdots 式1.28$$

例題 1

起電力 1.5 V，内部抵抗 0.1 Ω の電池で 10 Ω の負荷に電流を流した。この場合に流れる電流 I と電池の端子電圧 V を求めよ。

解き方

図に示す電池の内部抵抗を考慮した回路を考え，オームの法則で電流 I を求めます。次に，電池の内部抵抗による電圧降下を電流 I で計算し，起電力より差し引いて端子電圧を求めます。

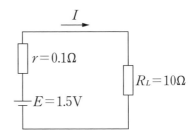

解答

回路全体の抵抗 $R = R_L + r = 10 + 0.1 = 10.1\,\Omega$，起電力 $E = 1.5\,\text{V}$，これらの値をオームの法則に代入します。

$$I = \frac{V}{R} = \frac{1.5}{10.1} \fallingdotseq 0.15\,\text{A}$$

内部抵抗による電圧降下 Ir を用いて，電池の端子電圧 $V = E - Ir$ を求めます。

$$V = E - Ir = 1.5 - \frac{1.5}{10.1} \times 0.1 \fallingdotseq 1.49\,\text{V}$$

例題 2

内部抵抗 0.4 Ω，起電力 5 V の電池を直列に 4 個接続して，10 Ω の負荷に電流を流した。次の(1)から(3)の問いに答えよ。

(1) 回路を流れる電流 I を求めよ。

(2) 電池1個の端子電圧 V_1 を求めよ。

(3) 負荷に加わる電圧 V_{RL} を求めよ。

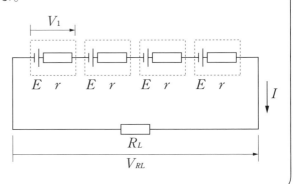

1.7 電池の接続

解き方

(1) 電池の直列接続の式 $I=\dfrac{V}{R}=\dfrac{mE}{mr+R_L}$ を用います。この式は，「回路全体の起電力」を「回路全体の抵抗値の和」で割ったものです。

(2) 電池の内部抵抗による電圧降下 Ir を，電池の端子電圧の式 $V_1=E-Ir$ に代入します。

(3) オームの法則で負荷に加わる電圧 $V_{RL}=IR_L$ を求めます。

解答

(1) 回路において，起電力の総和 $V=mE$，抵抗値の総和 $R=mr+R_L$

これらのことより流れる電流は，$I=\dfrac{V}{R}=\dfrac{mE}{mr+R_L}=\dfrac{4\times 5}{4\times 0.4+10}\fallingdotseq 1.72\,\mathrm{A}$

(2) 電池の端子電圧 $V_1=E-Ir=5-\dfrac{4\times 5}{4\times 0.4+10}\times 0.4\fallingdotseq 4.31\,\mathrm{V}$

(3) $V_{RL}=IR_L=\dfrac{4\times 5}{4\times 0.4+10}\times 10\fallingdotseq 17.2\,\mathrm{V}$

例題 3

内部抵抗 $0.4\,\Omega$，起電力 $5\,\mathrm{V}$ の電池を並列に 4 個接続して，$2\,\Omega$ の負荷に電流を流した。次の(1)から(3)の問いに答えよ。

(1) 回路を流れる電流 I を求めよ。

(2) 負荷に加わる電圧 V_{RL} を求めよ。

(3) 電池 1 個から流れ出る電流 I_1 を求めよ。

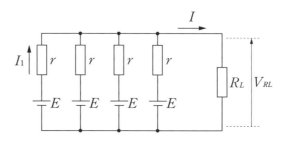

解き方

(1) 電池の並列接続の式 $I=\dfrac{V}{R}=\dfrac{E}{\dfrac{r}{n}+R_L}$ を用います。この式は，「回路全体の起電力」を「回路全体の抵抗値の和」で割ったものです。

(2) オームの法則で負荷に加わる電圧 $V_{RL}=IR_L$ を求めます。
(3) 図において負荷に加わる電圧 V_{RL} は電池の端子電圧です。このことより，電池の端子電圧の式 $V_{RL}=E-I_1 r$ が成立し，I_1 を導きます。

解答

(1) 回路において，起電力 $V=E$，抵抗値の総和 $R=\dfrac{r}{n}+R_L$ これらのことより流れる電流は，$I=\dfrac{V}{R}=\dfrac{E}{\dfrac{r}{n}+R_L}=\dfrac{5}{\dfrac{0.4}{4}+2}\fallingdotseq 2.38\,\mathrm{A}$

(2) $V_{RL}=IR_L=\dfrac{5}{\dfrac{0.4}{4}+2}\times 2 \fallingdotseq 4.76\,\mathrm{V}$

(3) 電池の端子電圧 $V_{RL}=E-I_1 r$ より，

$$I_1=\dfrac{E-V_{RL}}{r}=\dfrac{5-\dfrac{5}{\dfrac{0.4}{4}+2}\times 2}{0.4}\fallingdotseq 0.60\,\mathrm{A}$$

（**別解3**）回路全体を流れる電流の4分の1であることから，

$$I_1=\dfrac{I}{4}=\dfrac{\dfrac{5}{\dfrac{0.4}{4}+2}}{4}\fallingdotseq 0.60\,\mathrm{A}$$

練習問題 7

1 起電力 5 V，内部抵抗 0.5 Ω の電池で 20 Ω の負荷に電流を流した。この場合に流れる電流 I と電池の端子電圧 V を求めよ。

2 内部抵抗 0.2 Ω，起電力 1.5 V の電池を直列に 4 個接続して，5 Ω の負荷に電流を流した。次の(1)から(3)の問いに答えよ。
(1) 回路を流れる電流 I を求めよ。
(2) 電池 1 個の端子電圧 V_1 を求めよ。
(3) 負荷に加わる電圧 V_{RL} を求めよ。

3 内部抵抗 1 Ω，起電力 1.5 V の電池を並列に 4 個接続して，5 Ω の負荷に電流を流した。次の(1)から(3)の問いに答えよ。
(1) 回路を流れる電流 I を求めよ。
(2) 負荷に加わる電圧 V_{RL} を求めよ。
(3) 電池 1 個から流れ出る電流 I_1 を求めよ。

4 容量が 50 A·h の蓄電池から連続して 5 A の電流を何時間取り出すことができるか。

5 図の回路において，回路を流れる電流 I を求めよ。ただし，全ての電池の内部抵抗を 0.2 Ω とする。

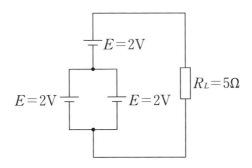

2章 直流回路の計算

直流回路では，回路を流れる電流の向きが一定です。そのため，慣れないうちは電気の流れを水の流れに譬えて回路を捉えると理解しやすくなります。直流回路は基本的に直流電源と抵抗成分で構成されています。そのため，比較的簡単な回路はオームの法則を用いて解くことができます。

本章では，複雑な直流回路を解く際に有効となるキルヒホッフの法則，重ね合わせの理，テブナンの定理についてその活用法を学習しましょう。また，ブリッジ回路や電力の計算も取り上げます。

2章 直流回路の計算
2.1 キルヒホッフの法則

キーワード
法則　電流に関する法則　第二法則　電圧に関する法則
流入電流＝流出流入電流の和は0　電圧降下
起電力の和＝電圧降下の和　閉回路　電流方向を仮定　連立方程式

ポイント

(1) キルヒホッフの法則

キルヒホッフの法則（Kirchhoff's low）は，オームの法則を発展させたもので，電気回路の計算に有効な重要法則です。電流に関する第一法則と電圧に関する第二法則があります。

(2) 第一法則（電流に関する法則）

電気回路の一点に流れ込む電流と，そこから流れ出す電流は等しい。図において，以下の式が成立します。

$$I_1+I_2+I_3=I_4+I_5 \quad \cdots\cdots 式2.1$$

　　流入電流 ＝ 流出電流

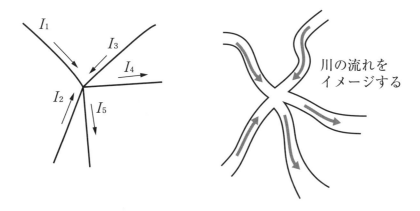

図2-1　電流に関する法則

また，電流の流れの向きを考えて，流入する電流を＋，流出する電流を－とすると，式2-1は次式で示されます。

$$I_1+I_2+I_3+I_4+I_5=0 \quad \cdots\cdots 式2.2$$

　　流れ込む電流の和は0です。

(3) 電圧降下

図において，a 点の電位 V_a が b 点の電位 V_b より高い場合，a 点から b 点に電流が流れます。逆に a 点から b 点に電流が流れる場合，a 点と b 点との間に電位差 $V_a - V_b$ が存在します。この電位差を電圧降下といいます。

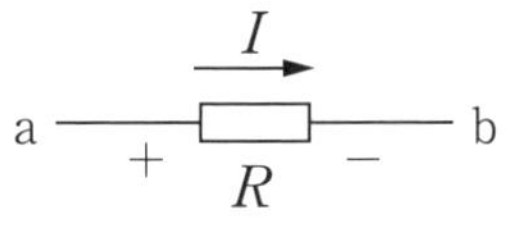

$$電圧降下\ V_a - V_b = IR$$
（オームの法則より）

図 2-2　電圧降下

(4) 第二法則（電圧に関する法則）

電気回路内の一つの閉回路において，起電力の和と電圧降下の和は等しくなります。図の閉回路①において，各抵抗に流れる電流の方向を矢印のように仮定すると，以下の式が成立します。

$$E_1 - E_2 = I_1 R_1 - I_2 R_2 + I_3 R_3 + I_4 R_4 \quad \text{式 2.3}$$

起電力の和　＝　電圧降下の和

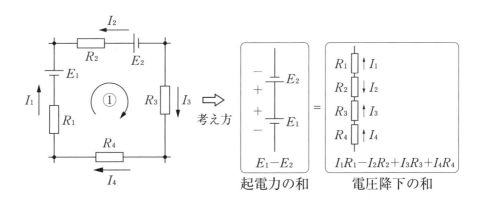

図 2-3　電圧に関する法則

例題 1

図の回路において次の(1)から(5)の問いに答えよ。ただし，閉回路①と②の電流の向きを図の矢印で仮定する。

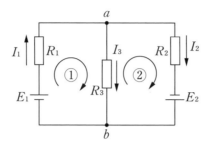

(1) 節点 a に対してキルヒホッフの電流に関する式を立てよ。
(2) 接点 b に対してキルヒホッフの電流に関する式を立てよ。
(3) 閉回路①に対してキルヒホッフの電圧に関する式を立てよ。
(4) 閉回路②に対してキルヒホッフの電圧に関する式を立てよ。
(5) $E_1=10\,\mathrm{V}$，$E_2=5\,\mathrm{V}$，$R_1=6\,\Omega$，$R_2=2\,\Omega$，$R_3=4\,\Omega$ のとき，回路を流れる電流 I_1，I_2，I_3 を求めよ。

解き方

(1) a 点に流入する電流は，回路図より I_1 であり，流出する電流は I_2 と I_3 です。
(2) b 点に流入する電流は，回路図より I_2 と I_3 であり，流出する電流は I_1 です。
(3) 閉回路①では，起電力は E_1 であり，仮定された電流を発生させる向きと同じです。したがって，E_1 は＋となります。また，閉回路①内の抵抗 R_1 と R_3 を流れる電流 I_1 と I_3 は仮定された電流の向きと同じです。したがって電圧降下 I_1R_1 と I_3R_3 はいずれも＋となります。
(4) 閉回路②では，起電力は E_2 であり，仮定された電流を発生させる向きと同じです。したがって，E_2 は＋となります。また，閉回路②内の抵抗 R_2 と R_3 を流れる電流 I_2 と I_3 に関しては，I_2 は仮定された電流の向きと同じであり，I_3 は逆向きです。したがって電圧降下 I_2R_2 は＋，I_3R_3 は－となります。
(5) (1)から(4)で立てたキルヒホッフの式に値を代入し，連立方程式を解いて電流値を求めます。

解答

(1) a 点では，流入する電流の和は I_1，流出する電流の和は I_2+I_3 なので，$I_1=I_2+I_3$ が成立します。
(2) b 点では，流入する電流の和は I_2+I_3，流出する電流の和は I_1 なので，I_2+I_3

$=I_1$ が成立します。

(3) 閉回路①では，起電力の和 E_1，電圧降下の和は $I_1R_1+I_3R_3$ なので，$E_1=I_1R_1+I_3R_3$ が成立します。

(4) 閉回路②では，起電力の和 E_2，電圧降下の和は $I_2R_2-I_3R_3$ なので，$E_2=I_2R_2-I_3R_3$ が成立します。

(5) (1)または(2)の結果より $I_1=I_2+I_3$，(3)で求めた $E_1=I_1R_1+I_3R_3$ に値を代入し，$10=6I_1+4I_3$，(4)で求めた $E_2=I_2R_2-I_3R_3$ に値を代入し，$5=2I_2-4I_3$，これらの三つの式を連立方程式として解き I_1, I_2, I_3 を求めます（**連立方程式の解法を参照**）。

$$I_1=\frac{20}{11}\fallingdotseq 1.82\,\text{A} \quad I_2=\frac{45}{22}\fallingdotseq 2.05\,\text{A} \quad I_3=-\frac{5}{22}\fallingdotseq -0.23\,\text{A}$$

連立方程式の解法

$I_1=I_2+I_3$ ……………………………………………………………… ①
$10=6I_1+4I_3$ ……………………………………………………………… ②
$5=2I_2-4I_3$ ……………………………………………………………… ③

②式に①を代入し，
$$10=6(I_2+I_3)+4I_3$$
$$=6I_2+6I_3+4I_3$$
$$=6I_2+10I_3 \text{ ……………………………………………………} ④$$

③式の両辺に3を掛けて，
$$15=6I_2-12I_3 \text{ ……………………………………………………} ⑤$$

④式から⑤式を引き，
$$10-15=6I_2+10I_3-(6I_2-12I_3)$$
$$-5=22I_3$$
$$\therefore I_3=-\frac{5}{22}\fallingdotseq \underline{-0.23\,\text{A}}$$

④式に I_3 の値を代入し，
$$10=6I_2+10\times\left(-\frac{5}{22}\right)$$
$$=6I_2-\frac{25}{11}$$
$$\therefore I_2=\frac{10+\frac{25}{11}}{6}=\frac{45}{22}\fallingdotseq \underline{2.05\,\text{A}}$$

①式に I_2 と I_3 の値を代入し，
$$I_1=I_2+I_3=\frac{45}{22}+\left(-\frac{5}{22}\right)=\frac{40}{22}=\frac{20}{11}\fallingdotseq \underline{1.82\,\text{A}}$$

例題 2

次の回路の電流 I_1, I_2, I_3 を求めよ。

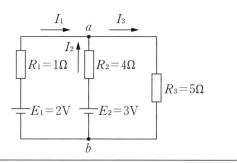

解き方

まず，節点 a または節点 b においてキルヒホッフの電流則の式を立てます。次に二つの閉回路を考えて，キルヒホッフの電圧則の式を立てます。このとき，閉回路を流れる電流の向きは適当に仮定します。これらの式を連立方程式として，電流値を求めます。

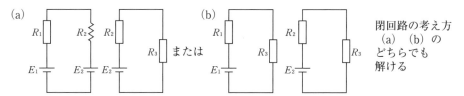

閉回路の考え方 (a) (b) のどちらでも解ける

解答 以下解法より，$I_1 = \dfrac{3}{29} \fallingdotseq 0.10\,\text{A}$, $I_2 = \dfrac{8}{29} \fallingdotseq 0.28\,\text{A}$, $I_3 = \dfrac{11}{29} \fallingdotseq 0.38\,\text{A}$

〰〰〰〰〰〰〰〰〰〰 **解　法** 〰〰〰〰〰〰〰〰〰〰

電流に関する式
$$I_1 + I_2 = I_3 \quad \cdots\cdots ①$$

電圧に関する式
$$E_1 - E_2 = I_1 R_1 - I_2 R_2 \quad \cdots\cdots ②$$
$$E_2 = I_2 R_2 + I_3 R_3 \quad \cdots\cdots ③$$

②式と③式に値を代入して，
$$-1 = I_1 - 4 I_2 \quad \cdots\cdots ④$$
$$3 = 4 I_2 + 5 I_3 \quad \cdots\cdots ⑤$$

⑤式に①を代入して，
$$3 = 4 I_2 + 5 I_1 + 5 I_2 = 5 I_1 + 9 I_2 \quad \cdots\cdots ⑥$$

④と⑥の連立方程式を解き，
$$I_1 = \dfrac{3}{29}\,\text{A}, \quad I_2 = \dfrac{8}{29}\,\text{A}$$

①に I_1 と I_2 を代入し，
$$I_3 = \dfrac{11}{29}\,\text{A}$$

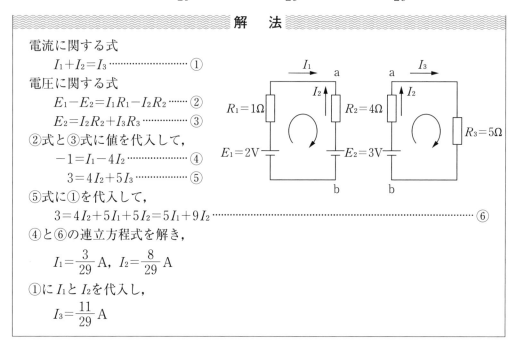

練習問題 8

1 キルヒホッフの法則を用いて，図の回路を流れる電流 I_1, I_2, I_3 および電圧 V を求めよ。

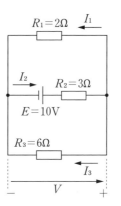

2 キルヒホッフの法則を用いて，図の回路を流れる電流 I_1, I_2, I_3 および電圧 V を求めよ。

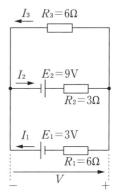

3 キルヒホッフの法則を用いて，図の回路を流れる電流 I_1, I_2, I_3 を求めよ。

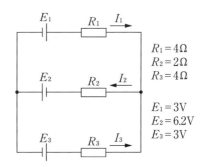

4 キルヒホッフの法則を用いて，図の回路の電源 E_1, E_2 を求めよ。

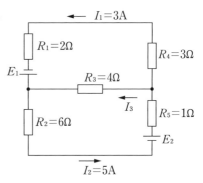

Q&A 2 キルヒホッフの法則の活用

図のような回路について,端子 A-B 間の合成抵抗を求めたいのですが,回路が複雑なので行き詰まっています。どのように考えたらよいのでしょうか? R は,$10\,\mathrm{k\Omega}$ です。

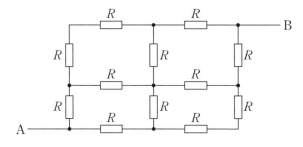

図　合成抵抗を求めたい回路

端子 A-B 間に電圧 $E(\mathrm{V})$ を加えた時に流れる各部の電流を考えてみましょう。この回路は,端子 A と端子 B から見ると左右が対称になっています。このため,回路全体に流れる電流を I とすれば,各部に流れる電流は下図のようになります。これらの電流の流れは,キルヒホッフの第 1 法則（電流に関する法則）を満たしています。

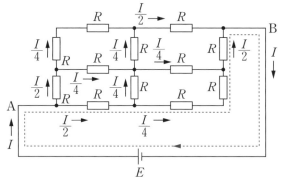

キルヒホッフの第 2 法則より,

$$E = \frac{I}{2}R + \frac{I}{4}R + \frac{I}{4}R + \frac{I}{2}R$$

$$= \frac{6}{4}IR$$

$$\frac{E}{I} = \frac{6}{4}R = \frac{3}{2}R$$

図　各部に流れる電流

図の破線矢印の閉回路について,キルヒホッフの第 2 法則（電圧に関する法則）を適用します。これより,端子 A-B 間の合成抵抗 R_0 を求めることができます。

$$R_0 = \frac{E}{I} = \frac{3}{2}R = \frac{3}{2} \times 10 = 15\,\mathrm{k\Omega}$$

Q&A 1（26 ページ）で扱った回路についても,同様の方法で合成抵抗を求めることができますから,各自で確認してください。

2章 直流回路の計算

2.2 重ね合わせの理

キーワード

複数の起電力　単独の起電力　回路の分解　合成抵抗　電流の向き　電流の分流

ポイント

(1) 複数の起電力がある回路の電流は，起電力が単独に存在する場合の電流の和となります。

これを重ね合わせの理（principle of superposition）といいます。

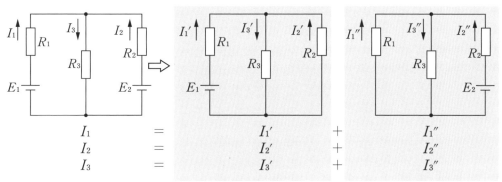

図 2-4　複数の起電力がある回路

(2) 重ね合わせの定理を用いて回路を解きます

右図の回路を例に，回路を解く手順を示します。

手順❶　起電力ごとに注目し，他の起電力が存在しないもの，すなわちショートしている状態として考えて回路を分解します。電流の向きはもとの回路に合わせます（**図 2-5参照**）。

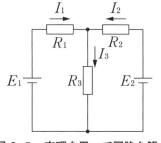

図 2-5　定理を用いて回路を解く

手順❷　分解した回路それぞれについて電流を求めます。

(a)　E_1 のみの回路

図 2-7 のように考えて，R_1, R_2, R_3 の合成抵抗 R' を求め，回路全体に流れる電流 I_1' をオームの法則を用いて計算します。

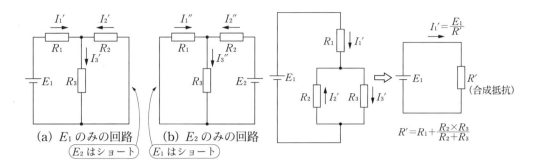

図2-6 分解した回路 　　　図2-7 E_1のみの回路(分かりやすく示した)

I_2', I_3' は I_1' の分流として求めます。

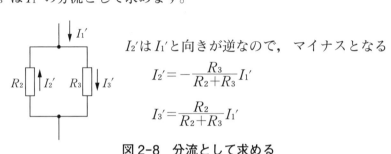

I_2' は I_1' と向きが逆なので，マイナスとなる

$$I_2' = -\frac{R_3}{R_2+R_3}I_1'$$

$$I_3' = \frac{R_2}{R_2+R_3}I_1'$$

図2-8 分流として求める

(b) E_2 のみの回路も同様にして解きます。

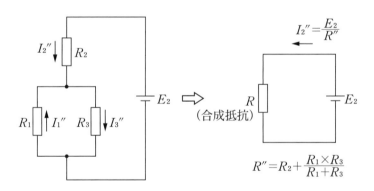

図2-9 E_2のみの回路(分かりやすく示した)

I_1'' は I_2'' と向きが逆なので，マイナスとなる

$$I_1'' = -\frac{R_3}{R_1+R_3}I_2''$$

$$I_3'' = \frac{R_1}{R_1+R_3}I_2''$$

図2-10 分流として求める

手順❸ 手順2で求めた電流を重ね合わせて(加算して)分解する前の回路に流れる電流を求めます。

$$I_1 = I_1' + I_1'' \quad I_2 = I_2' + I_2'' \quad I_3 = I_3' + I_3''$$

例題 1

図の回路を流れる電流 I_1, I_2, I_3 を重ね合わせの理を用いて求めよ。

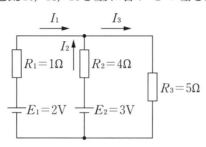

解き方

起電力 E_1, E_2 が単独になった場合の回路を考えます。電流の向きは，抵抗に注目すると分かりやすくなります。

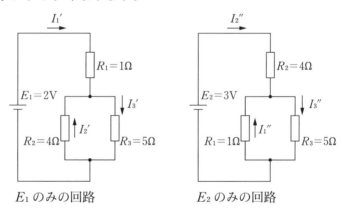

E_1 のみの回路　　　　　E_2 のみの回路

次にそれぞれの回路に流れる電流を求めます。回路ごとに合成抵抗の接続が異なる点に注意しましょう。

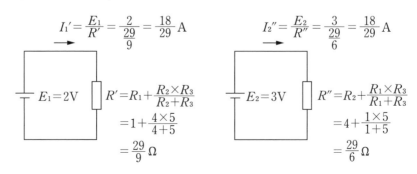

$$I_1' = \frac{E_1}{R'} = \frac{2}{\frac{29}{9}} = \frac{18}{29} \text{A} \qquad I_2'' = \frac{E_2}{R''} = \frac{3}{\frac{29}{6}} = \frac{18}{29} \text{A}$$

$$R' = R_1 + \frac{R_2 \times R_3}{R_2 + R_3} \qquad R'' = R_2 + \frac{R_1 \times R_3}{R_1 + R_3}$$

$$= 1 + \frac{4 \times 5}{4+5} \qquad = 4 + \frac{1 \times 5}{1+5}$$

$$= \frac{29}{9} \Omega \qquad = \frac{29}{6} \Omega$$

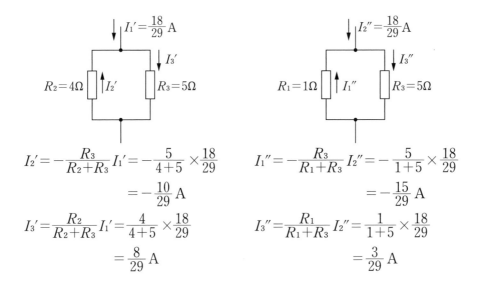

$$I_2' = -\frac{R_3}{R_2+R_3}I_1' = -\frac{5}{4+5}\times\frac{18}{29}$$
$$= -\frac{10}{29}\text{A}$$

$$I_3' = \frac{R_2}{R_2+R_3}I_1' = \frac{4}{4+5}\times\frac{18}{29}$$
$$= \frac{8}{29}\text{A}$$

$$I_1'' = -\frac{R_3}{R_1+R_3}I_2'' = -\frac{5}{1+5}\times\frac{18}{29}$$
$$= -\frac{15}{29}\text{A}$$

$$I_3'' = \frac{R_1}{R_1+R_3}I_2'' = \frac{1}{1+5}\times\frac{18}{29}$$
$$= \frac{3}{29}\text{A}$$

最後に単独で求めた電流値を重ね合わせます。

解答

解き方より，

E_1 のみの回路では，

$$I_1' = \frac{18}{29}\text{A} \qquad I_2' = -\frac{10}{29}\text{A} \qquad I_3' = \frac{8}{29}\text{A}$$

E_2 のみの回路では，

$$I_1'' = -\frac{15}{29}\text{A} \qquad I_2'' = \frac{18}{29}\text{A} \qquad I_3'' = \frac{3}{29}\text{A}$$

これらの値を重ね合わせて，

$$I_1 = I_1' + I_1'' = \frac{18}{29} - \frac{15}{29} = \frac{3}{29} \fallingdotseq 0.10\text{A}$$

$$I_2 = I_2' + I_2'' = -\frac{10}{29} + \frac{18}{29} = \frac{8}{29} \fallingdotseq 0.28\text{A}$$

$$I_3 = I_3' + I_3'' = \frac{8}{29} + \frac{3}{29} = \frac{11}{29} \fallingdotseq 0.38\text{A}$$

＊この問題は，**2.1節 例題2**と同じものです。

例題 2

次の回路を流れる電流を重ね合わせの理を適応して計算する。ここでは，E_1 が単独になっている場合について，その回路と流れる電流値を求めよ。ただし，R_1, R_2, R_3 を流れる電流を I_1', I_2', I_3' とする。

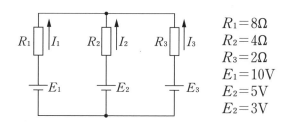

$R_1 = 8\Omega$
$R_2 = 4\Omega$
$R_3 = 2\Omega$
$E_1 = 10V$
$E_2 = 5V$
$E_2 = 3V$

解き方

起電力 E_1 のみが存在するように E_2 と E_3 をショートさせて回路を作成します。次に回路全体の合成抵抗値を求めて，起電力 E_1 から流れ出る電流 I_1' を求めます。
I_2' と I_3' は I_1' の分流として計算します。

解答

次に E_1 単独の回路を示します。

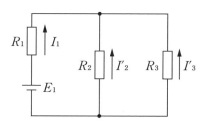

合成抵抗 $R' = R_1 + \dfrac{R_2 \times R_3}{R_2 + R_3} = 8 + \dfrac{4 \times 2}{4 + 2} = \dfrac{28}{3}$ Ω

$I_1' = \dfrac{E_1}{R'} = \dfrac{10}{\frac{28}{3}} = \dfrac{15}{14} \fallingdotseq 1.07$ A

$I_2' = -\dfrac{R_3}{R_2 + R_3} I_1' = -\dfrac{2}{4+2} \times \dfrac{15}{14} = -\dfrac{5}{14} \fallingdotseq -0.36$ A

$I_3' = -\dfrac{R_2}{R_2 + R_3} I_1' = -\dfrac{4}{4+2} \times \dfrac{15}{14} = -\dfrac{5}{7} \fallingdotseq -0.71$ A

練習問題 9

1 回路の合成抵抗 R より I_2 を求めよ。また，抵抗 R_1 と R_3 への分流より I_1 と I_3 を求めよ。

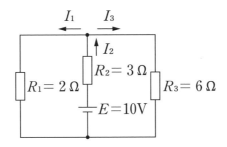

2 重ね合わせの理を用いて，図の回路を流れる電流 I_1, I_2, I_3 および電圧 V を求めよ。ただし，電源 E_1 単独の場合に流れる電流を I_1', I_2', I_3' とし，E_2 単独の場合に流れる電流を I_1'', I_2'', I_3'' とする。

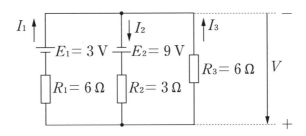

3 重ね合わせの理を用いて，図の回路を流れる電流 I_1, I_2, I_3 を求めよ。ただし，電源 E_1 単独の場合に流れる電流を I_1', I_2', I_3'，E_2 単独の場合に流れる電流を I_1'', I_2'', I_3''，E_3 単独の場合に流れる電流を I_1''', I_2''', I_3'''，とする。

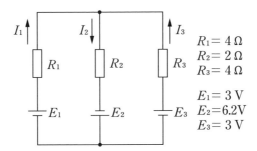

2章 直流回路の計算
2.3 テブナンの定理

キーワード

$I = \dfrac{V_0}{R+R_i}$　合成抵抗　端子間電圧　抵抗分圧

ポイント

(1) 回路の任意の2点間に抵抗Rを接続したとき、Rに流れる電流IはRを付ける前の2点間の電位差V_0と2点間から見た合成抵抗R_iより以下のように求められます。これをテブナンの定理（Thevenin's theorem）といいます。

$$I = \dfrac{V_0}{R+R_i} \quad \cdots\cdots 式2.4$$

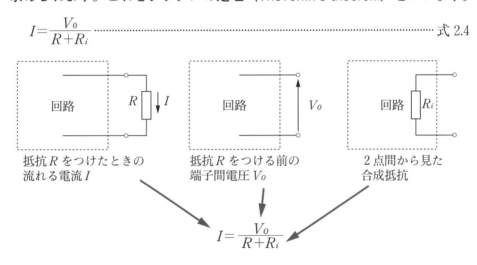

図2-11　テブナンの定理

(2) テブナンの定理を用いて回路を解く手順

図に、起電力E_1, E_2および抵抗r_1, r_2, Rにより構成された直流回路を示します。テブナンの定理を用いてこの回路を流れる電流Iを求める手順を示します。

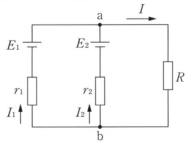

図2-12　テブナンの定理を用いて電流を求める

手順❶ R を付けない(外した)状態での a, b 間の電位差 V_0 を求めます。回路を流れる電流を I' とし，流れる方向を図の矢印で仮定します。

$$V_0 = E_1 - I_1' r_1 = E_1 - I r_1 \quad \cdots\cdots ①$$

$$V_0 = E_2 - I_2' r_2 = E_2 + I r_2 \quad \cdots\cdots ②$$

①より $I' = \dfrac{E_1 - V_0}{r_1} \quad \cdots\cdots ③$

②に③を代入して $V_0 = E_2 + \dfrac{r_2}{r_1} E_1 - \dfrac{r_2}{r_1} V_0 \quad \cdots\cdots ④$

$$\left(\dfrac{r_2}{r_1} + 1\right) V_0 = \dfrac{r_2}{r_1} E_1 + E_2 = \dfrac{r_2 E_1 + r_1 E_2}{r_1} \quad \cdots\cdots ⑤$$

$$V_0 = \dfrac{\dfrac{r_2 E_1 + r_1 E_2}{r_1}}{\dfrac{r_1 + r_2}{r_1}} = \dfrac{r_2 E_1 + r_1 E_2}{r_1 + r_2} \quad \cdots\cdots ⑥$$

手順❷ a, b 間の合成抵抗 R_i を求めます。R_i は r_1 と r_2 との並列合成抵抗となります。

$$R_i = \dfrac{r_1 r_2}{r_1 + r_2} \quad \cdots\cdots ⑦$$

手順❸ テブナンの定理に式⑥と⑦を代入します。

$$I = \dfrac{V_0}{R + R_i} = \dfrac{\dfrac{r_2 E_1 + r_1 E_2}{r_1 + r_2}}{R + \dfrac{r_1 r_2}{r_1 + r_2}}$$

$$= \dfrac{r_2 E_1 + r_1 E_2}{r_1 R + r_2 R + r_1 r_2} \quad [\text{A}]$$

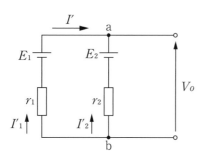

図 2-13 手順 1

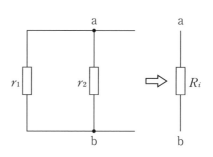

図 2-14 手順 2

2.3 テブナンの定理

例題 1

図の回路を流れる電流 I_1, I_2, I_3 をテブナンの定理を用いて求めよ。

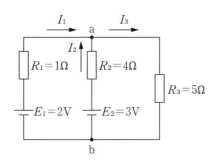

解き方

R_3 を取り外した回路を考えます。まず，回路を流れる電流を I' と置き，a, b 間の端子電圧 V_0 を求めます。次に a, b 間の合成抵抗 R_i を求めます。そして，V_0 と R_i とをテブナンの法則に代入して，R_3 を流れる電流 I_3 を求めます。また，I_1 と I_2 については，抵抗 R_1 と R_2 を流れる電流を求めます。

解答

手順❶ R_3 を取り外した回路において，端子電圧 V_0 を求めます。仮定した I' の流れる向きと各抵抗の電圧降下の向きに注意しましょう。

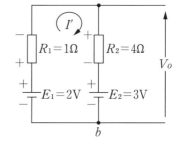

$$V_0 = E_1 - I'R_1 = 2 - I' \quad \cdots\cdots① $$
$$V_0 = E_2 + I'R_2 = 3 + 4I' \quad \cdots\cdots② $$

①，②より

$$2 - I' = 3 + 4I' \quad \therefore I' = -\frac{1}{5} \text{ A} \quad \cdots\cdots③$$

①に③を代入し，

$$V_0 = 2 - \left(-\frac{1}{5}\right) = \frac{11}{5} \text{ V} \quad \cdots\cdots④$$

手順❷ R_3 を取り外した回路において，回路の合成抵抗 R_i を求めます。

$$R_i = \frac{R_1 R_2}{R_1 + R_2} = \frac{1 \times 4}{1 + 4} = \frac{4}{5} \text{ Ω}$$

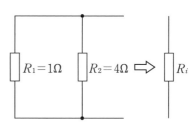

手順❸ R_3 を流れる電流 I_3 をテブナンの公式より求めます。

$$I_3 = \frac{V_0}{R_3 + R_i} = \frac{\frac{11}{5}}{5 + \frac{4}{5}} = \frac{11}{29} \fallingdotseq 0.38\,\text{A}$$

手順❹ R_3 を接続した状態でa点の電位を V_a とすると

$$V_a = I_3 R_3 = \frac{11}{29} \times 5 = \frac{55}{29}\,\text{V}$$

$$I_1 = \frac{E_1 - V_a}{R_1} = \frac{2 - \frac{55}{29}}{1} = \frac{3}{29} \fallingdotseq 0.10\,\text{A}$$

$$I_2 = \frac{E_2 - V_a}{R_2} = \frac{3 - \frac{55}{29}}{4} = \frac{8}{29} \fallingdotseq 0.28\,\text{A}$$

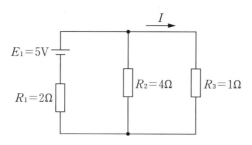

$$I_1 = \frac{V_a - E_1}{R_1} \qquad I_2 = \frac{V_a - E_2}{R_2}$$

＊この問題は，2.1節 例題2と同じものです。

例題 2

次の回路を流れる電流 I をテブナンの法則を用いて求めよ。

$E_1 = 5\text{V}$, $R_1 = 2\,\Omega$, $R_2 = 4\,\Omega$, $R_3 = 1\,\Omega$

解き方

回路を流れる電流 I は R_3 を流れる電流です。R_3 を取り除いた回路を考え，テブナンの法則を適応します。

解答

R_3 を取り除いたとき，R_3 部分の端子電圧を V_0，回路を流れる電流 I'，回路の合成抵抗 R' とすると，$I' = \dfrac{E}{R'} = \dfrac{5}{2+4} = \dfrac{5}{6}\,\text{A}$

$$V_0 = I' R_2 = \frac{5}{6} \times 4 = \frac{10}{3}\,\text{V}$$

R_3 を取り除いた端子から見た合成抵抗を R_i とすると，

$$R_i = \frac{R_1 R_2}{R_1 + R_2} = \frac{2 \times 4}{2 + 4} = \frac{4}{3} \, \Omega$$

テブナンの法則より

$$I = \frac{V_0}{R_3 + R_i} = \frac{\frac{10}{3}}{1 + \frac{4}{3}} = \frac{10}{7} \fallingdotseq 1.43 \, \text{A}$$

> **ポイント**
>
> 「テブナンの定理を用いて回路を解く手順」において，次のように考えて端子間電圧 V_0 を求めることもできます。
>
> 図2-13は，下図のように示され，端子間電圧 V_0 は，図における電圧 V' に対する抵抗 r_1 と r_2 の分圧となります。
>
> $$V' = E_1 - E_2 \quad \cdots\cdots ①$$
>
> V_b' は V' に対する r_2 と r_1 の分圧なので，
>
> $$V_b' = \frac{r_1}{r_1 + r_2} V' = \frac{r_1}{r_1 + r_2}(E_1 - E_2) \quad \cdots\cdots ②$$
>
> ①と②より，
>
> $$V_0 = E_1 - V_b' = E_1 - \frac{r_1}{r_1 + r_2}(E_1 - E_2)$$
>
> $$= \frac{E_1(r_1 + r_2) - r_1(E_1 - E_2)}{r_1 + r_2}$$
>
> $$= \frac{r_2 E_1 + r_1 E_2}{r_1 + r_2}$$
>
>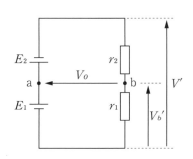

練習問題 10

1 図の回路を流れる電流 I_1 をテブナンの定理を用いて求めよ。また，I_1 より I_2, I_3, V を求めよ。

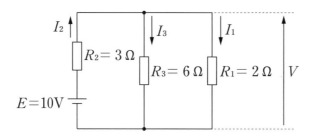

2 図の回路を流れる電流 I_3 をテブナンの定理を用いて求めよ。また，I_3 より I_1, I_2, V を求めよ。

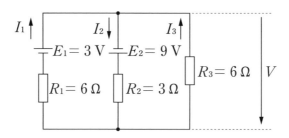

3 図の回路を流れる電流 I_1 をテブナンの定理を用いて求めよ。また，I_1 より I_2, I_3 を求めよ。

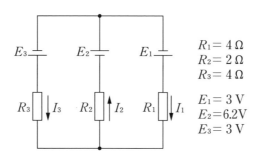

2.4 ブリッジ回路

キーワード

ブリッジ　対向する抵抗　平衡状態　平衡条件　$R_1R_3=R_2R_4$　検流計
キルヒホッフの法則

ポイント

(1) ブリッジ回路

　図のようにブリッジ状に抵抗が接続される回路をブリッジ回路と呼びます。ブリッジ回路を利用した抵抗測定器に，ホイーストンブリッジ（wheatstone bridge），ダブルブリッジ，すべり線ブリッジなどがあります。

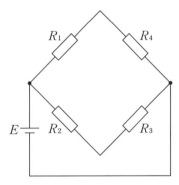

図 2-15　ブリッジ回路

(2) ブリッジの平衡状態

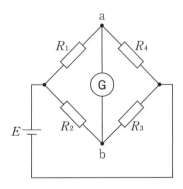

図 2-16　ブリッジの平衡状態

　図のブリッジ回路で対向する抵抗の積 R_1R_3 と R_2R_4 が等しい場合，ブリッジは平衡状態にあるといいます。図における G は微小な電流を測定するための測

定器である検流計（galvanometer）を示します。

ブリッジが平衡状態であるとき，
- a点とb点の電位は等しくなります。$\longrightarrow$　検流計 G の針は振れません。
- $R_1 R_3 = R_2 R_4$ をブリッジの平衡条件といいます。

(3) ブリッジ回路で未知抵抗を測る

図のブリッジ回路で，未知抵抗 R_x を測定する手順を示します。

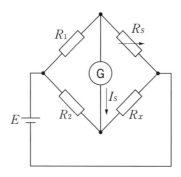

図 2-17　未知抵抗を測る

手順❶　検流計の針が 0 を示すように可変抵抗 R_s を調整します。この状態はブリッジの平衡状態であり，$I_s = 0\,\text{A}$ となります。

手順❷　ブリッジの平衡条件が成立します。

$$R_1 R_x = R_2 R_s$$

手順❸　以下の式で未知抵抗 R_x を計算します。

$$R_x = \frac{R_2 R_s}{R_1}$$

(4) 平衡状態における等価回路

ブリッジが平衡状態であるとき，a, b 間に電流が流れないことから，a, b 間の抵抗は存在しないものとして回路を解くことができます。

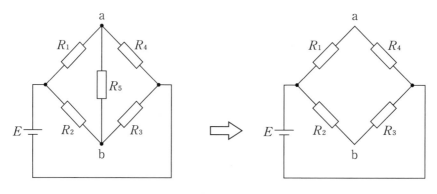

図 2-18　平衡状態であるとき

例題 1

図のブリッジ回路について，次の問いに答えよ。

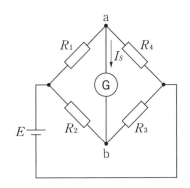

(1) ブリッジの平衡条件を示せ。
(2) ブリッジが平衡状態であるときの電流 I_s [A] の値を示せ。
(3) $R_1=4\,\mathrm{k\Omega}$，$R_2=8\,\mathrm{k\Omega}$，$R_3=200\,\Omega$ のとき，ブリッジを平衡状態にするためには，抵抗 R_4 を何 [Ω] にしたらよいか。

解き方

(1) ブリッジの平衡条件は，向かい合う抵抗の積が等しいことです。
(2) ブリッジが平衡状態のときは，検流計には電流が流れません。
(3) ブリッジの平衡条件に抵抗値を代入して未知抵抗 R_4 を求めます。

解答

(1) $R_1 R_3 = R_2 R_4$

(2) $I_s = 0\,\mathrm{A}$

(3) $R_1 R_3 = R_2 R_4$ より $R_4 = \dfrac{R_1 R_3}{R_2}$

値を代入して，$R_4 = \dfrac{R_1 R_3}{R_2} = \dfrac{4\mathrm{k} \times 200}{8\mathrm{k}} = 100\,\Omega$

例題 2

図のブリッジ回路において，次の問いに答えよ。
(1) ブリッジが平衡していることを示せ。
(2) a 点の電位 V_a と b 点の電位 V_b が等しいことを示せ。

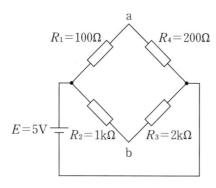

解き方

(1) 向かい合う抵抗の積を比較します。
(2) 以下のように回路を書き直して考えます。

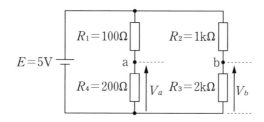

解答

(1) $R_1 R_3 = 100 \times 2 \times 10^3 = 200 \times 10^3$

$R_2 R_4 = 1 \times 10^3 \times 200 = 200 \times 10^3$

∴ $R_1 R_3 = R_2 R_4$

(2) $V_a = \dfrac{R_4}{R_1 + R_4} E = \dfrac{200}{100 + 200} \times 5 = \dfrac{10}{3} \fallingdotseq 3.33\,\text{V}$

$V_b = \dfrac{R_3}{R_2 + R_3} E = \dfrac{2 \times 10^3}{1 \times 10^3 + 2 \times 10^3} \times 5 = \dfrac{10}{3} \fallingdotseq 3.33\,\text{V}$

したがって，V_a と V_b は等しくなります。

例題 3

図の a－b 間の合成抵抗値を求めよ。

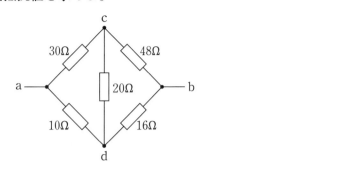

解き方

図のように a から b に電流を流した場合を考えます。
c 点と d 点においてキルヒホッフの電流則を立てます。

$$I_1 = I_3 + I_4 \quad \text{①}$$
$$I_2 = -I_3 + I_5 \quad \text{②}$$

ループ①，②，③に関してキルヒホッフの電圧則を立てます。

$$30I_1 + 20I_3 - 10I_2 = 0 \quad \text{③}$$
$$-20I_3 + 48I_4 - 16I_5 = 0 \quad \text{④}$$
$$30I_1 + 48I_4 - 16I_5 - 10I_2 = 0 \quad \text{⑤}$$

式①と式②を式③〜⑤に代入して，I_1 と I_2 の項を消すことによって，$I_3 = 0$ が求まります。このことより，20Ωの抵抗は無限大（ないもの）として扱うことができます。

このように解くこともできますが，このブリッジが平衡状態にあることに気がつけば，計算せずとも $I_3 = 0$ であることが分かります。

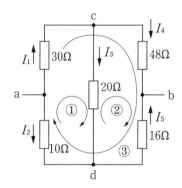

解答

ブリッジが平衡状態にあるので，$30+48=78\,\Omega$ と $10+16=26\,\Omega$ の並列合成抵抗を求めます。すなわち，

$$\frac{78 \times 26}{78 + 26} = 19.5\,\Omega$$

練習問題 11

1 次の文は図のブリッジ回路について説明したものである。空欄 ① ～ ⑤ に適当な語句や記号を記入せよ。

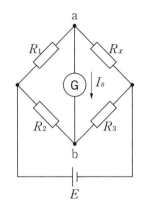

G は検流計と呼ばれる測定器を示し，その目的は ① を測定することである。検流計の針が振れないときは，電流 I_s が ② 状態であり，a 点の電位と b 点の電位は ③ 。この状態をブリッジの ④ といい，各抵抗間に ⑤ の関係式が成り立つ。

2 ①のブリッジ回路について，ブリッジを平衡状態にするには R_4 を何 [Ω] にしたらよいか。ただし，$R_1=10$ kΩ，$R_2=6$ kΩ，$R_3=200$ Ω とする。

3 図の回路について次の問いに答えよ。

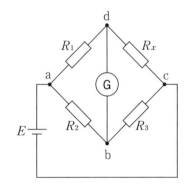

$R_1=4$ kΩ，$R_2=3$ kΩ，$R_3=200$ Ω，$R_x=150$ Ω のとき，検流計に流れる電流の向きを示せ。

$R_1=200$ Ω，$R_2=100$ Ω，$R_3=25$ Ω のとき，検流計の針は振れなかった。このときの R_x は何 [Ω] か。

4 ③の回路について次の問いに答えよ。ただしブリッジは平衡状態にあるとする。
(1) b−d 間の電位差は何 [V] か。
(2) a−b 間の電位差が 5 V，b−c 間の電位差が 7 V のとき，電源電圧 E，a−d 間の電位差，d−c 間の電位差はそれぞれ何 [V] であるか。

2.5 ジュールの法則と電力

2章 直流回路の計算

キーワード

熱量　電力　電力量　仕事量　カロリー　ジュールの法則　許容電流

$$W\,[\text{J, W·s}] = VQ = VIt = I^2Rt = \frac{V^2}{R}t \quad P\,[\text{W}] = \frac{W}{t} = VI = I^2R = \frac{V^2}{R}$$

ポイント

(1) 熱量と電力の単位

・熱 (heat) 量

水1gの温度を1℃高めるのに必要な熱量を1 cal（カロリー：calorie）といいます。

・電力量 (electric energy)

電気がなす仕事 (work) 量をいいます。単位はJ（ジュール：joule），W·s（ワット秒）を用います。

・電力 (electric power)

電気のなす仕事の速さ（単位時間当たりの電力量）をいいます。単位にWを用います。

図2-19　熱量1 calとは

(2) 電力量

電位差 V [V] を Q [c] の電荷が移動したときの電気がなす仕事は，

電力量 $W = VQ$ [J, W·s]

電位差 V [V] に I [A] の電流が t [s] 流れたときの電気がなす仕事量は，

電力量 $W = VIt$ [J, W·s]

また，単位 kW·h を用いて

1 kW·h = 3600000 W·s

(3) 電力量と熱量の関係

1 J = 1 W·s = 0.24 cal の関係があります。したがって電力量 W [W·s] と熱量 H [cal] の関係は，

・$H = 0.24 W$ [cal] ················ 熱量を求めるには電力量を0.24倍します。

・$W = \dfrac{1}{0.24} \fallingdotseq 4.17 H$ [W·s] ········ 電力量を求めるには熱量を4.17倍します。

・単位 [J] と単位 [W·s] は同じものです。

(4) ジュールの法則

抵抗に電流が流れるときは必ず熱を発生し，電力を消費します。抵抗 R [Ω]，電圧 V [V]，電流 I [A]，流れている時間 t [s] とした場合，電力量 W [W・s] は，

$W = VIt$ [W・s]

$W = I^2 Rt$ [W・s]

$W = \dfrac{V^2}{R} t$ [W・s]

この関係をジュールの法則といいます。

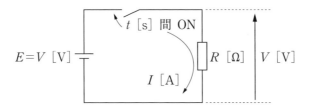

図 2-20 ジュールの法則

(5) 電力

電力 P は単位当たりの電力量，すなわち 1 秒当たりの電力量を示したもので，単位 [W] を用います。t [s] に W [J] の仕事がなされるときの電力は，

$P = \dfrac{W}{t}$ [W]

ジュールの法則より，

$P = VI$ [W]

$P = I^2 R$ [W]

$P = \dfrac{V^2}{R}$ [W]

例題 1

2Ω の抵抗値を持つ電熱線に 5A の電流を30分間流したとき，次の問いに答えよ。

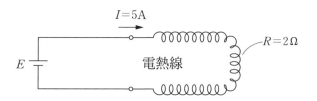

(1) 電力量は何 [J] か。
(2) 3ℓ の水を熱する場合は何 [℃] 上昇するか。ただし，熱量のロスはないものとする。
(3) 消費した電力量は何 [W·s] か。

解き方

(1) ジュールの法則より，$W=I^2Rt$ [J] を用います。
(2) $H=0.24W$ [cal]，電力量を 0.24 倍して熱量 cal を求めます。また，3ℓ の水の重さ 3kg に対する温度上昇を計算します。
(3) 発熱量 [J] ＝消費電力 [W·s] です。

解答

(1) $W=I^2Rt=5^2\times 2\times 30\times 60=90000\,\text{J}=90\,\text{kJ}$

(2) $H=0.24W=0.24\times 90000=21600\,\text{cal}$

$$\frac{21600}{3000}=7.2\,℃$$

(3) $90\,\text{kJ}=90\,\text{kW·s}$

例題 2

図の回路に電流を20分間流したとき，抵抗 $R_1=5\,\Omega$，$R_2=3\,\Omega$，$R_3=2\,\Omega$ における発熱量はそれぞれ何［J］か。また，10℃の水 $0.1\,\ell$ をそれぞれ加熱したとき，水温は何［℃］になるか。

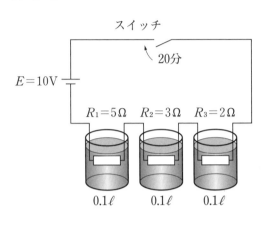

解き方

起電力 10 V，R_1，R_2，R_3 の直列接続の回路を解き，回路を流れる電流（各抵抗を流れる電流）を求めます。抵抗値と電流値より抵抗に発生する熱量がジュールの法則 $W=I^2Rt$ ［W・s］より求まります。1 cal の熱量によって水 1 g の温度を 1℃上昇させることができるので，発熱量を水 $0.1\,\ell=100\,\mathrm{g}$ の水に適応させます。

解答

R_1，R_2，R_3 の直列接続回路を流れる電流 I は，

$$I=\frac{E}{R_1+R_2+R_3}=\frac{10}{5+3+2}=1\,\mathrm{A}$$

R_1 における電力量 W_{R1} は，$W_{R1}=I^2R_1t=1^2\times 5\times 20\times 60=6000\,\mathrm{W\cdot s}$

熱量に換算して，$H_{R1}=0.24W_{R1}=0.24\times 6000=1440\,\mathrm{cal}$

水 $0.1\,\ell$ の温度上昇は，$\dfrac{1440}{100}=14.4\,℃$，10℃ に加えて 24.4℃ となります。

同様に R_2 においては，

電力量 $W_{R2}=I^2R_2t=1^2\times 3\times 20\times 60=3600\,\mathrm{W\cdot s}$
熱量 $H_{R2}=0.24W_{R2}=0.24\times 3600=864\,\mathrm{cal}$
水 $0.1\,\ell$ の温度は，$10+\dfrac{864}{100}=18.64\,℃$

同様に R_3 においては，

　　電力量 $W_{R3}=I^2R_3t=1^2×2×20×60=2400$ W・s

　　熱量 $H_{R3}=0.24W_{R3}=0.24×2400=576$ cal

水 0.1ℓ の温度は，$10+\dfrac{576}{100}=15.76$ ℃

例題 3

　導体に電流を流したときの発熱によって，その特性が変化しない程度の温度に保つために電流を制限する必要がある。この電流値を許容電流（allowable current）という。このことより次の問いに答えよ。

(1) 許容電流 100 mA で 400 Ω の抵抗がある。この抵抗に許容電流を流したときの電力（許容電力）は何 [W] であるか。

(2) ある 50 Ω の抵抗に加えることのできる電力は 0.5 W であった。この抵抗の許容電流は何 [A] か。

解き方

抵抗 R [Ω] に電流 I [A] が流れている場合，その電力 P [W] は次式で求まります。

$$P=I^2R \ [\text{W}]$$

(1) $I=100×10^{-3}$ A，$R=400$ Ω を $P=I^2R$ に代入します。

(2) $P=I^2R$ より $I=\sqrt{\dfrac{P}{R}}$，この式に $R=50$ Ω，$P=0.5$ W を代入します。

解答

(1) $P=I^2R=(100×10^{-3})^2×400=4$ W

(2) $I=\sqrt{\dfrac{P}{R}}=\sqrt{\dfrac{0.5}{50}}=0.1$ A $=100$ mA

練習問題 12

1 3Ωの抵抗値を持つ電熱線に4Aの電流を20分間流したとき，次の問いに答えよ。

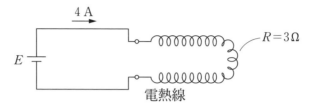

(1) 電力量は何 [kJ] か。
(2) 800 cc の水を熱する場合は何 [℃] 上昇するか。ただし，熱量のロスはないものとする。
(3) 消費した電力量は何 [kW·s] か。

2 30 W の電球に 100 V を加えたとき，何 [A] の電流が流れるか。また，この電球の抵抗は何 [Ω] か。

3 60 W の電球3個を10時間と，400 W のこたつを6時間と500 W のアイロンを1時間使用したときの電力量の合計は，何 [kW·h] になるか。

4 図の回路において，抵抗 $R=5\Omega$，電源電圧 $E=12$ V とし，20分間スイッチを ON 状態とした。抵抗 R の発熱量は何 [cal] か。また，10℃の水 2ℓ を90℃にするには何時間スイッチを ON にする必要があるか。

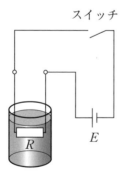

2.6 コンデンサの接続と蓄えられる電荷

キーワード

直列接続　並列接続　合成静電容量　和分の積

$$C=\frac{1}{\frac{1}{C_1}+\frac{1}{C_2}+\frac{1}{C_3}+\cdots+\frac{1}{C_n}} \quad C=C_1+C_2+C_3+,\cdots,+C_n \quad Q=CV$$

$$W=\frac{1}{2}QV=\frac{1}{2}CV^2$$

ポイント

(1) 合成静電容量

電気回路を解く上で，複数のコンデンサをまとめて合成静電容量（combined capacitance）として扱うと分かりやすくなります。合成静電容量は，直列接続（series connection）された部分と並列接続（parallel connection）された部分とに分けて考えます。

(2) コンデンサの直列接続

C_1 [F], C_2 [F], C_3 [F], …, C_n [F] のコンデンサを直列に接続した場合の合成容量 C は，

$$C=\frac{1}{\frac{1}{C_1}+\frac{1}{C_2}+\frac{1}{C_3}+\cdots+\frac{1}{C_n}}\,[\text{F}] \quad\cdots\cdots\text{式}$$

C_1 と C_2 の直列合成容量 C は，

$$C=\frac{C_1\times C_2}{C_1+C_2}\,[\text{F}] \quad\cdots\cdots\text{式（和文の積）}$$

これらは，抵抗における並列合成抵抗の式と同様です。

(3) コンデンサの並列接続

C_1 [F], C_2 [F], C_3 [F], …, C_n [F] のコンデンサを並列に接続した場合の合成容量 C は，

$$C=C_1+C_2+C_3+\cdots C_n\,[\text{F}] \quad\cdots\cdots\text{式}$$

抵抗における直列合成抵抗の式と同様です。

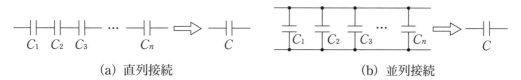

(a) 直列接続　　　　　　　　　　　(b) 並列接続

図 2-21　コンデンサの接続

(4) コンデンサに蓄えられる電荷

コンデンサに電圧を加えると，コンデンサに電荷が蓄えられます。この動作を充電といいます。また，コンデンサが蓄えた電荷を放出する動作を放電といいます。

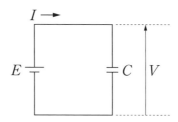

図 2-22　コンデンサの充電

コンデンサに蓄えられる電荷 Q [C] は，次の式で表すことができます。

$$Q = CV \quad \cdots\cdots 式 2.5$$

直列接続されたコンデンサには，どのコンデンサにも同じ量の電荷 Q がそれぞれ蓄えられます。さらに，合成静電容量に対して蓄えられる電荷も同じ量の Q になります。また，並列接続されたコンデンサには，どのコンデンサにも同じ電圧がかかりますが，蓄えられる電荷 Q は静電容量によって異なる量になります。

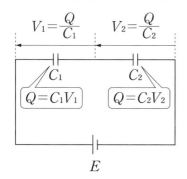 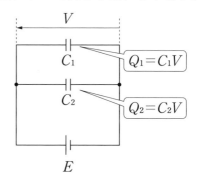

図 2-23　コンデンサの直列接続　　　図 2-24　コンデンサの並列接続

(5) コンデンサに蓄えられるエネルギー

コンデンサ内に電荷がある状態は，コンデンサがエネルギーを蓄えていると考えることができます。このエネルギーは，静電エネルギー W [J] と呼ばれ，次の

式で表すことができます。

$$W = \frac{1}{2}QV = \frac{1}{2}CV^2 \quad \text{……………………………………… 式 2.6}$$

例題 1

図に示すコンデンサの合成容量（a–c 間の容量）を求めよ。

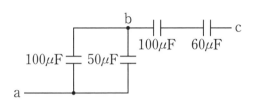

解き方

並列部（a–c 間）の合成容量を $100\,\mu\mathrm{F}$ と $50\,\mu\mathrm{F}$ の和として求めます。そして，残りの $100\,\mu\mathrm{F}$ と $60\,\mu\mathrm{F}$ との直列容量を（逆数の和）分の 1 として求めます。直列部に関しては，和分の積を繰り返して求めることもできます。

解答

a–b 間の並列合成容量は，$100\mu + 50\mu = 150\,\mu\mathrm{F}$

a–c 間の合成容量は，$150\,\mu\mathrm{F}$ と $100\,\mu\mathrm{F}$ と $60\,\mu\mathrm{F}$ の合成直列容量となり，

$$\frac{1}{\frac{1}{150} + \frac{1}{100} + \frac{1}{60}} = 30\,\mu\mathrm{F}$$

$$\left(\text{または，} 150 \times \frac{100}{150+100} = 60 \quad 60 \times \frac{60}{60+60} = 30\,\mu\mathrm{F}\right)$$

例題 2

図に示すコンデンサの静電容量と蓄えられているエネルギーを求めよ。

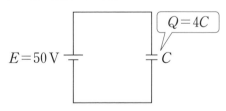

解き方

コンデンサに加えられている電圧と蓄えられている電荷がわかっているので，$Q = CV$ の式を変形して静電容量 C を求めます。蓄えられているエネルギー W は，$W = \frac{1}{2}QV$ または，$W = \frac{1}{2}CV^2$ のどちらの式を使っても計算できます。

解答

$$Q = CV \text{ より, } C = \frac{Q}{V} = \frac{4}{50} = 0.08 \text{ F}$$

$$W = \frac{1}{2}QV = \frac{1}{2} \times 4 \times 50 = 100 \text{ J}$$

別解

$$W = \frac{1}{2}CV^2 = \frac{1}{2} \times 0.08 \times 50^2 = 100 \text{ J}$$

例題 3

図の回路について, 次の(1)から(4)の問に答えよ。

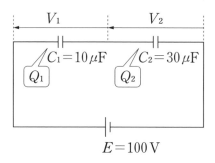

(1) 合成静電容量を求めよ。
(2) 合成静電容量に蓄えられている電荷を求めよ。
(3) C_1, C_2に蓄えられている電荷 Q_1, Q_2を求めよ。
(4) 各コンデンサの端子電圧 V_1, V_2を求めよ。

解き方

(1) C_1, C_2の直列合成静電容量を求めます。
(2) (1)で求めた合成静電容量の値を用いて, $Q=CV$ を計算します。
(3) 直列接続の場合は, 全体の電荷量が各コンデンサに蓄えられる電荷の量と同じになります。
(4) これまで考えた電荷量に留意して端子電圧 V_1, V_2を求めます。

解答

(1) $C = \dfrac{C_1 \times C_2}{C_1 + C_2} = \dfrac{10 \times 30}{10 + 30} = 7.5 \, \mu\text{F}$

(2) $Q = CV = 7.5 \times 10^{-6} \times 100 = 750 \text{ mC}$

(3) $Q = Q_1 = Q_2$ より, $Q_1 = 750 \text{ mC}$, $Q_2 = 750 \text{ mC}$

(4) $V_1 = \dfrac{Q}{C_1} = \dfrac{750 \times 10^{-6}}{10 \times 10^{-6}} = 75 \text{ V}$

$V_2 = \dfrac{Q}{C_2} = \dfrac{750 \times 10^{-6}}{30 \times 10^{-6}} = 25 \text{ V}$

例題 4

図の回路について,次の(1)から(4)の問に答えよ。

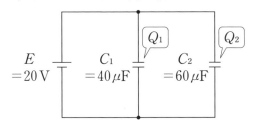

(1) 合成静電容量を求めよ。
(2) 合成静電容量に蓄えられている電荷を求めよ。
(3) C_1,C_2 に蓄えられている電荷 Q_1,Q_2 を求めよ。
(4) C_1,C_2 に蓄えられている静電エネルギー W_1,W_2 を求めよ。

解き方

(1) C_1,C_2 の並列合成静電容量を求めます。
(2) (1)で求めた合成静電容量の値を用いて,$Q=CV$ を計算します。
(3) 並列接続の場合は,どのコンデンサにも同じ電圧がかかりますが,蓄えられる電荷 Q は静電容量によって異なる量になることに留意して計算します。
(4) $W = \dfrac{1}{2}QV$ または,$W = \dfrac{1}{2}CV^2$ のどちらの式を使っても計算できます。

解答

(1) $C = C_1 + C_2 = 40 + 60 = 100 \,\mu\text{F}$
(2) $Q = CV = 100 \times 10^{-6} \times 20 = 2 \times 10^{-3} = 2 \text{ mC}$
(3) $Q_1 = C_1 V = 40 \times 10^{-6} \times 20 = 800 \times 10^{-6} \text{ C} = 0.8 \text{ mC}$
  $Q_2 = C_2 V = 60 \times 10^{-6} \times 20 = 1200 \times 10^{-6} \text{ C} = 1.2 \text{ mC}$
  $Q = Q_1 + Q_2$ になります
(4) $W_1 = \dfrac{1}{2} Q_1 V = \dfrac{1}{2} \times 0.8 \times 10^{-3} \times 20 = 8 \times 10^{-3} \text{ J} = 8 \text{ mJ}$

  $W_2 = \dfrac{1}{2} Q_2 V = \dfrac{1}{2} \times 1.2 \times 10^{-3} \times 20 = 12 \times 10^{-3} \text{ J} = 12 \text{ mJ}$

練習問題 13

1 次の(1)から(6)の回路の合成静電容量を求めよ。

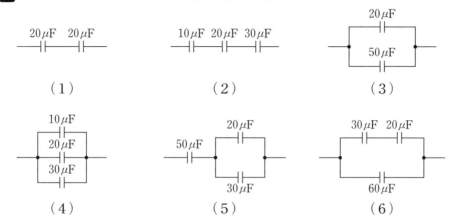

2 図の回路について，次の(1)から(2)の問に答えよ。

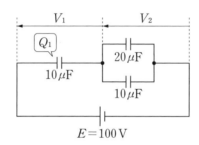

(1) 合成静電容量を求めよ。
(2) 端子電圧 V_1, V_2 を求めよ。

3 図の回路について，次の(1)から(4)の問に答えよ。

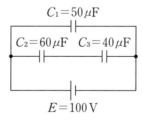

(1) 合成静電容量を求めよ。
(2) 合成静電容量に蓄えられている電荷を求めよ。
(3) C_1 に蓄えられている電荷を求めよ。
(4) C_2, C_3 に蓄えられている電荷を求めよ。

3章

交流回路の基礎

交流電源は，電池などの直流電源とは違って，時間とともにその大きさと向きが変化します。たとえば，われわれが利用している家庭用の電源は，時間軸に対して正弦波（sin波）となっています。そのため，ある時刻の電圧を測ったとしても次の瞬間には値は異なっています。

本章では，交流回路を解くための基礎事項として，正弦波交流の表現，平均値と実効値，ベクトル表示に関する計算法を学習しましょう。また，交流回路の構成要素となる抵抗，コンデンサ，コイルの働きについて取り上げます。

3.1 正弦波交流の表現

3章　交流回路の基礎

キーワード

交流　AC　正弦波交流　瞬時値　最大値　周期　周波数　角速度

$v = V_m \sin 2\pi f t$　$v = V_m \sin \omega t$　$T = \dfrac{1}{f}$　$f = \dfrac{1}{T}$　$\omega = 2\pi f$　位相角

ポイント

(1) 正弦波交流

交流（AC：alternating current）は時間とともにその大きさと流れる方向が一定の周期で繰り返されます。

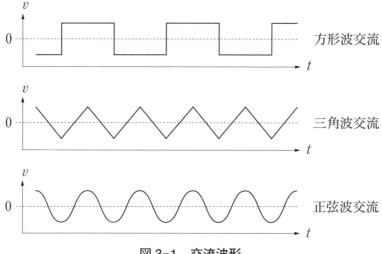

図 3-1　交流波形

波形が正弦波で表される交流を正弦波交流（sine wave AC）といいます。正弦波交流における任意の時刻の大きさは，時間 t [s] の関数である瞬時値で示されます。

$$v = V_m \sin 2\pi f t \text{ [V]} \quad \cdots\cdots 式\ 3.1$$
$$v = V_m \sin \omega t \text{ [V]} \quad \cdots\cdots 式\ 3.2$$

・瞬時値 v [V]

　　時刻 t [s] における電圧

・最大値 V_m [V]

　　電圧の最大値

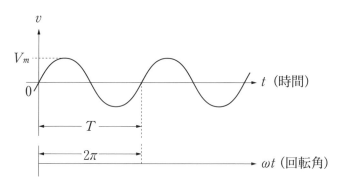

図 3-2　正弦波交流

- 周期 T [s]

    1 サイクルに要する時間を示します。

    $T = \dfrac{1}{f}$ [s]

- 周波数 f [Hz]（ヘルツ）

    1 秒間に繰り返すサイクル数を示します。

    $f = \dfrac{1}{T}$ [Hz]

- 弧度法

    弧度法では角度の 360° を 2π [rad]（ラジアン）で表します。

- 角速度 ω [rad/s]（オメガ [ラジアン/秒]）

    角速度（angular velocity）は角周波数ともいいます。

    $\omega = 2\pi f$ [rad/s]

(2) 位相角

原点（$t=0$ [s] で $v=0$ [V] の点）からのずれ（位相差）を位相角（phase angle）といいます。図の v に比べて v_1 は位相が θ_1 進んでおり，v_2 は位相が θ_2 遅れています。

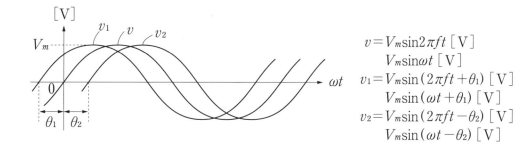

図 3-3　位相角

例題 1

図の正弦波交流について次の問いに答えよ。

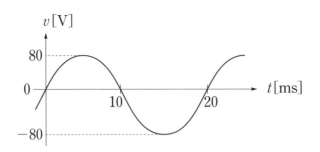

(1) 最大電圧 V_m は何 [V] か。
(2) 周期 T は何 [ms] か。
(3) 周波数 f は何 [Hz] か。
(4) 角速度 ω は何 [rad/s] か。
(5) 位相角 θ は何 [rad] か。
(6) 瞬時値 v [V] を示せ。

解き方

(1) 波形より最大電圧を読み取ります。
(2) 波形の1サイクルの時間を読み取ります。
(3) 周波数 f は周期 T の逆数です。
(4) 角速度 $\omega = 2\pi f$
(5) v は基準点を通る波形であり遅れ（進み）角は0です。
(6) 瞬時値の式 $v = V_m \sin(\omega t + \theta)$ に各値を代入します。

解答

(1) $V_m = 80\,\text{V}$

(2) $T = 20\,\text{ms}$

(3) $f = \dfrac{1}{T} = \dfrac{1}{20 \times 10^{-3}} = 50\,\text{Hz}$

(4) $\omega = 2\pi f = 2 \times \pi \times 50 = 100\pi\,[\text{rad/s}]$

(5) $\theta = 0\,\text{rad}$

(6) $v = V_m \sin(\omega t + \theta) = 80 \sin 100\pi t\,[\text{V}]$

例題 2

瞬時値が $v = 90\sin\left(80\pi t + \dfrac{1}{2}\pi\right)$ [V] の正弦波について次の問いに,答えよ。

(1) 最大電圧 V_m は何 [V] か。
(2) 角速度 ω は何 [rad/s] か。
(3) 位相角 θ は何 [rad] か。
(4) 周波数 f は何 [Hz] か。
(5) 周期 T は何 [ms] か。

解き方

瞬時値の式 $v = V_m \sin(\omega t + \theta)$ に問いの式を対応させて,それぞれの値を求めます。

解答

(1) $V_m = 90$ V　　(2) $\omega = 80\pi$ [rad/s]　　(3) $\theta = \dfrac{1}{2}\pi$ [rad]

(4) $\omega = 2\pi f$ より $f = \dfrac{\omega}{2\pi} = \dfrac{80\pi}{2\pi} = 40$ Hz　　(5) $T = \dfrac{1}{f} = \dfrac{1}{40} = 25$ ms

例題 3

図の正弦波交流を瞬時値で示せ。

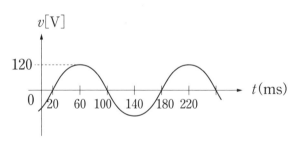

解き方

瞬時値の式 $v = V_m \sin(2\pi f t + \theta)$ [V] を用いて表します。最大値 V_m [V] は波形より読み取り,周波数 f [Hz] は波形より読み取った周期 T [s] を用いて計算します。

解答

波形より,最大値 $V_m = 120$ V を読み取ります。周期 T は $180 - 20 = 160$ ms,

すなわち周波数 $f=\dfrac{1}{T}=\dfrac{1}{160\times 10^{-3}}=6.25\,\text{Hz}$, 位相角 θ は時間 20 ms の遅れであり, 周期 160 ms に対して $\dfrac{20}{160}=\dfrac{1}{8}$ の遅れです。角度に直すと $\dfrac{1}{8}\times 360°=\dfrac{1}{8}\times 2\pi\,[\text{rad}]=0.25\pi\,[\text{rad}]$ の遅れとなります。すなわち $\theta=-0.25\pi\,[\text{rad}]$, 波形より読み取った最大値 V_m と周波数 f を $v=V_m\sin(2\pi ft+\theta)$ に代入して,

$$v=120\sin(2\pi\times 6.25t-0.25\pi)=120\sin(12.5\pi t-0.25\pi)\,[\text{V}]$$

例題 4

最大電圧 50 V, 周波数 50 Hz, 位相角 $=0$ の交流電源について, 12 ms 時の回転角 $\omega t\,[\text{rad}]$ と電圧 $V\,[\text{V}]$ を求めよ。

解き方

角速度 $\omega=2\pi f$ より回転角 ωt を求めます。
次に瞬時値 $v=V_m\sin(\omega t+\theta)$ を求めます。
時刻 $t=12\,\text{ms}$ を回転角 ωt と瞬時値 v に代入します。
(注意) 弧度法を用いた場合の sin の計算は, 電卓の rad モードにて行います。

解答

角速度 $\omega=2\pi f=2\times\pi\times 50=100\pi\,[\text{rad/s}]$,
瞬時値 $v=V_m\sin(\omega t+\theta)=50\sin 100\pi t\,[\text{V}]$
　$t=12\,\text{ms}$ を代入して,
回転角 $\omega t=100\pi\times 12\times 10^{-3}=1.2\pi\,[\text{rad}]$
電圧 $V=50\sin(100\pi\times 12\times 10^{-3})=50\sin 1.2\pi\fallingdotseq -29.4\,\text{V}$

練習問題 14

1 図に示す正弦波交流 v の瞬時値を求めよ。ただし、周波数を $f=50\,\mathrm{kHz}$ とする。

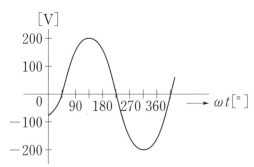

2 図に示す正弦波交流 v の瞬時値を求めよ。

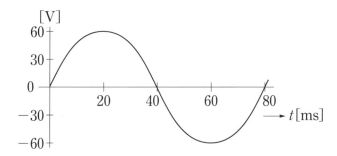

3 瞬時値が $v=120\sin\left(100\pi t-\dfrac{1}{4}\pi\right)\,[\mathrm{V}]$ の正弦波について次の値を求めよ。

(1) 最大値 V_m [V]
(2) 角速度 ω [rad/s]
(3) 位相角 θ [rad]
(4) 位相角 θ [°]
(5) 周波数 f [Hz]
(6) 周期 T [s]

3.2 平均値と実効値

3章 交流回路の基礎

キーワード

サイクル　最大値　瞬時値　平均値　ピークピーク値　実効値　波形率　波高率　$V_{av}=\dfrac{2}{\pi}V_m$　$V_{pp}=2V_m$　$V=\dfrac{1}{\sqrt{2}}V_m$　$v=\sqrt{2}\,V\sin(\omega t+\theta)$　$v=iR$

ポイント

(1) 平均値

平均値（mean value）は交流波形の半サイクルの平均を示し，正弦波交流の場合は最大値 V_m を用いて以下のように示されます。

$$\text{平均値}\ V_{av}=\dfrac{2}{\pi}V_m\ [\text{V}] \quad\cdots\cdots\text{式 3.3}$$

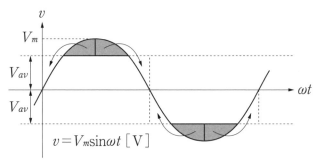

図 3-4　平均値

(2) ピークピーク値

ピークピーク値（peak-to-peak value）は交流波形の振幅を示します。正弦波交流の場合は最大値 V_m を用いて以下のように示されます。

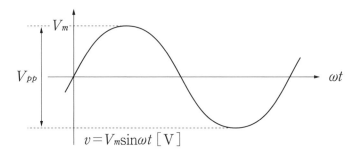

図 3-5　ピークピーク値

ピークピーク値 $V_{pp} = 2V_m$ [V] ……………………………………………… 式 3.4

(3) 実効値

実効値（effective value）は，交流の仕事量から決まる値で，1 サイクルにおける瞬時値の 2 乗の平均値で示されます。一般に交流の値は実効値による表記が用いられています。たとえば，家庭用 100 V，動力用 200 V は実効値表記である。正弦波交流の場合は最大値 V_m を用いて以下のように示されます。

$$\text{実効値 } V = \frac{1}{\sqrt{2}} V_m \text{ [V]} \quad \text{………………………………………… 式 3.5}$$

瞬時値は実効値を用いて以下のように表現されます。

$$v = \sqrt{2} V \sin(\omega t + \theta) \quad \text{……………………………………………… 式 3.6}$$

* 最大値を用いた場合は，$v = V_m \sin(\omega t + \theta)$

(4) 正弦波交流以外の場合

最大値，平均値，実効値の関係は，波形率（form factor）と波高率（peak factor）を用いて示されます。

$$\text{波形率} = \frac{\text{実効値}}{\text{平均値}} \quad \text{………………………………………………………… 式 3.7}$$

$$\text{波高率} = \frac{\text{最大値}}{\text{実効値}} \quad \text{………………………………………………………… 式 3.8}$$

波形率と波高率は，交流の波形によって異なり以下のように示されます。

表 3-1 波形率と波高率

	波形率	波高率
正弦波	$\frac{\pi}{2\sqrt{2}} \fallingdotseq 1.11$	$\sqrt{2} \fallingdotseq 1.41$
方形波	1	1
三角形	$\frac{2}{\sqrt{3}} \fallingdotseq 1.15$	$\sqrt{3} \fallingdotseq 1.73$

正弦波交流の平均値を求める式 3.3 は式 3.7 と式 3.8 より，平均値＝最大値÷波高率÷波形率で求められ，表 3-1 の正弦波の値を用いて，

$$V_{av} = V_m \div \sqrt{2} \div \left(\frac{\pi}{2\sqrt{2}}\right) = \frac{2}{\pi} V_m \text{ が導かれます。}$$

正弦波交流の実効値を求める式 3.5 は式 3.8 と正弦波交流の波高率 $\sqrt{2}$ より，

実効値＝最大値÷波高率，すなわち $V = \frac{1}{\sqrt{2}} V_m$ が導かれます。

> **例題 1**
>
> 　家庭用の交流電源は実効値 $V=100\,\mathrm{V}$ であり，関東地域では周波数 $50\,\mathrm{Hz}$ である。このことを踏まえて以下の問いに答えよ。
> (1)　瞬時値 v を求めよ。ただし，位相角は $0°$ とする。
> (2)　ピークピーク値 V_{pp} を求めよ。
> (3)　平均値 V_{av} を示せ。

解き方

まず，実効値 V を用いて最大値 $V_m=\sqrt{2}\,V$ を求めます。最大値より各値を求めます。瞬時値 $v=V_m\sin(\omega t+\theta)=V_m\sin(2\pi ft+\theta)$，ピークピーク値 $V_{pp}=2V_m$，平均値 $V_{av}=\dfrac{2}{\pi}V_m$ です。

解答

　最大値 $V_m=\sqrt{2}\,V=\sqrt{2}\times100=100\sqrt{2}\,[\mathrm{V}]$，$\omega=2\pi f=2\times\pi\times50=100\pi\,[\mathrm{rad/s}]$，$\theta=0°$
これらのことより
(1)　瞬時値 $v=V_m\sin(\omega t+\theta)=100\sqrt{2}\sin100\pi t\,[\mathrm{V}]$
(2)　ピークピーク値 $V_{pp}=2V_m=2\times100\sqrt{2}=200\sqrt{2}\,\mathrm{V}$
(3)　平均値 $V_{av}=\dfrac{2}{\pi}V_m=\dfrac{2}{\pi}\times100\sqrt{2}=\dfrac{200\sqrt{2}}{\pi}\,\mathrm{V}$

> **例題 2**
>
> 図に示される正弦波交流について次の問いに答えよ。
>
>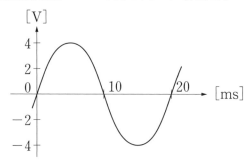
>
> (1)　最大値 V_m は何 [V] か。
> (2)　ピークピーク値は何 [V] か。
> (3)　平均値 V_{av} は何 [V] か。
> (4)　実効値 V は何 [V] か。
> (5)　瞬時値 v は何 [V] か。

解き方

最大値 V_m を波形から読み取った後，ピークピーク値 $V_{pp}=2V_m$，平均値 $V_{av}=\dfrac{2}{\pi}V_m$，実効値 $V=\dfrac{V_m}{\sqrt{2}}$，瞬時値 $v=V_m\sin(\omega t+\theta)$ を求めます。

解答

(1) 波形より最大値 $V_m=4\,\mathrm{V}$

(2) ピークピーク値 $V_{pp}=2V_m=2\times4=8\,\mathrm{V}$

(3) 平均値 $V_{av}=\dfrac{2}{\pi}V_m=\dfrac{2}{\pi}\times4=\dfrac{8}{\pi}\,\mathrm{V}$

(4) 実効値 $V=\dfrac{V_m}{\sqrt{2}}=\dfrac{4}{\sqrt{2}}=2\sqrt{2}\,\mathrm{V}$

(5) 波形より周期 $T=20\,\mathrm{ms}$，すなわち $f=\dfrac{1}{T}=\dfrac{1}{20\times10^{-3}}=50\,\mathrm{Hz}$，従って

$\omega=2\pi f=2\times\pi\times50=100\pi\,[\mathrm{rad/s}]$，また位相 θ は波形より $0°$，これらのことより瞬時値 $v=V_m\sin(\omega t+\theta)=4\sin100\pi t\,[\mathrm{V}]$

例題 3

実効値 $V=200\,\mathrm{V}$，周波数 $f=60\,\mathrm{Hz}$，位相角 $\theta=\dfrac{1}{4}\pi\,[\mathrm{rad}]$（遅れ）の交流電圧について次の問いに答えよ。

(1) 最大値 V_m を求めよ。
(2) ピークピーク値 V_{pp} を求めよ。
(3) 平均値 V_{av} を求めよ。
(4) 周期 T を求めよ。
(5) 角速度 ω を求めよ。
(6) 瞬時値 v を求めよ。

解き方

以下の式を用います。

$$V_m=\sqrt{2}\,V,\ V_{pp}=2V_m,\ V_{av}=\dfrac{2}{\pi}V_m,\ T=\dfrac{1}{f},\ \omega=2\pi f,\ v=V_m\sin(\omega t+\theta)$$

解答

(1) 最大値 $V_m=\sqrt{2}\,V=\sqrt{2}\times200=200\sqrt{2}\,\mathrm{V}$

(2) ピークピーク値 $V_{pp}=2V_m=2\times200\sqrt{2}=400\sqrt{2}\,\mathrm{V}$

(3) 平均値 $V_{av} = \dfrac{2}{\pi} V_m = \dfrac{2}{\pi} \times 200\sqrt{2} = \dfrac{400\sqrt{2}}{\pi}$ [V]

(4) 周期 $T = \dfrac{1}{f} = \dfrac{1}{60} \fallingdotseq 16.7\,\text{ms}$

(5) 角速度 $\omega = 2\pi f = 2\pi \times 60 = 120\pi$ [rad/s]

(6) 瞬時値 $v = V_m \sin(\omega t + \theta) = 200\sqrt{2}\sin\left(120\pi t - \dfrac{1}{4}\pi\right)$ [V]

例題 4

図の回路を流れる電流に関して，瞬時値 i，最大値 I_m，平均値 I_{av}，実効値 I を求めよ。

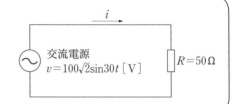

交流電源 $v = 100\sqrt{2}\sin 30t$ [V]，$R = 50\,\Omega$

解き方

交流回路に関しても，直流回路と同様にオームの法則が適用できます。電圧の瞬時値 v，最大値 V_m，平均値 V_{av}，実効値 V と電流の瞬時値 i，最大値 I_m，平均値 I_{av}，実効値 I との間には抵抗値 R を用いて次の関係が成り立ちます。

$v = iR,\quad V_m = I_m R,\quad V_{av} = I_{av} R,\quad V = IR$

これらの式より，i, I_m, I_{av}, I を求めます。

解答

まず，電圧の平均値 V_{av} と実効値 V を求めます。

$V_{av} = \dfrac{2}{\pi} V_m = \dfrac{2}{\pi} \times 100\sqrt{2} = \dfrac{200\sqrt{2}}{\pi}$ [V]

$V = \dfrac{V_m}{\sqrt{2}} = \dfrac{100\sqrt{2}}{\sqrt{2}} = 100\,\text{V}$

これらの値を用いて

瞬時値 $i = \dfrac{v}{R} = \dfrac{100\sqrt{2}\sin 30t}{50} = 2\sqrt{2}\sin 30t$ [A]

最大値 $I_m = \dfrac{V_m}{R} = \dfrac{100\sqrt{2}}{50} = 2\sqrt{2}\,\text{A}$

平均値 $I_{av} = \dfrac{V_{av}}{R} = \dfrac{200\sqrt{2}}{\pi} \div 50 = \dfrac{4\sqrt{2}}{\pi}$ [A]

実効値 $I = \dfrac{V}{R} = \dfrac{100}{50} = 2\,\text{A}$

練習問題 15

1 家庭用の交流電源は実効値 $V=100\,\text{V}$ であり，関西地域では周波数が $60\,\text{Hz}$ である。このことを踏まえて次の問いに答えよ。

(1) 瞬時値 v を求めよ。ただし，位相角は $0°$ とする。
(2) ピークピーク値 V_{pp} を求めよ。
(3) 平均値 V_{av} を示せ。

2 図の正弦波交流について，次の値を求めよ。
(1) 最大値 V_m
(2) ピークピーク値 V_{pp}
(3) 平均値 V_{av}
(4) 実効値 V
(5) 瞬時値 v

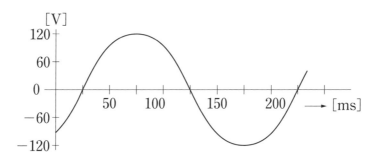

3 図の回路に関して，最大値 V_m，瞬時値 v，平均値 V_{av}，実効値 V を求めよ。

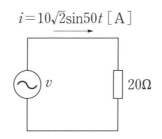

3.3 ベクトル表示

3章 交流回路の基礎

キーワード

ベクトル　スカラー　大きさ　偏角　極形式　極座標表示　ベクトルの合成
$\dot{V}=V\angle\theta$

ポイント

(1) ベクトル

大きさと方向を持つ量をベクトル（vector），大きさのみを持つ量をスカラー（scalar）といいます。図のように大きさ（絶対値）と偏角（位相角）を用いてベクトルを表す形式を極形式（極座標表示）といいます。

$$\dot{V}=V\angle\theta \qquad \text{式 3.9}$$

図3-6　ベクトル

(2) ベクトルの合成

ベクトルを合成するには，図のように基準点（始点）を合わせて平行四辺形を描き，斜辺を求めます。

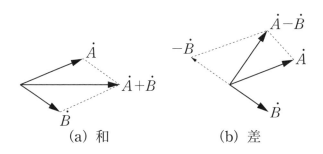

(a) 和　　　(b) 差

図3-7　ベクトルの合成

(3) ベクトルによる交流の表現

瞬時値 $v=\sqrt{2}\,V\sin\omega t\,[\mathrm{V}]$ の正弦波交流は，図のように大きさ（実効値）と偏角（位相角）を用いてベクトルとして表すことができます。

$$\dot{V}=V\angle 0\,[\mathrm{V}] \quad\cdots\cdots\cdots\text{式 3.10}$$

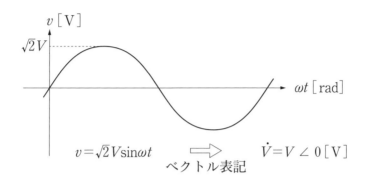

図 3-8　正弦波交流

(4) 位相の進みと遅れ

図の正弦波交流 v_1 は，周期の基準（$\omega t=0$）より絶対値で θ_1 進み，v_2 は絶対値で θ_2 遅れています。進み角はプラス値，遅れ角はマイナス値なので，v_1 の位相角は $+\theta_1$，v_2 の位相角は $-\theta_2$ であり，瞬時値とベクトル表記で以下のように示されます。

$$v_1=\sqrt{2}\,V\sin(\omega t+\theta_1)\,[\mathrm{V}] \quad\cdots\cdots\cdots\text{式 3.11}$$
$$\dot{V_1}=V\angle \theta_1\,[\mathrm{V}] \quad\cdots\cdots\cdots\text{式 3.12}$$
$$v_2=\sqrt{2}\,V\sin(\omega t-\theta_2)\,[\mathrm{V}] \quad\cdots\cdots\cdots\text{式 3.13}$$
$$\dot{V_2}=V\angle -\theta_2\,[\mathrm{V}] \quad\cdots\cdots\cdots\text{式 3.14}$$

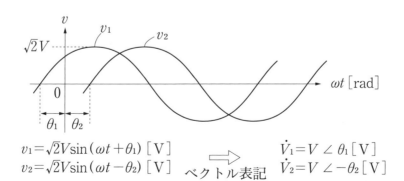

図 3-9　位相差を持つ正弦波交流

例題 1

図の(1)から(4)に示されるベクトルを極形式で示せ。ただし、偏角の単位が、[°]である場合と[rad]である場合の両方を示せ。

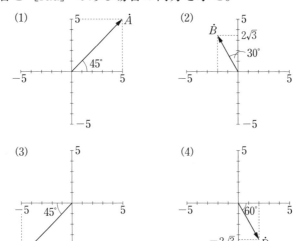

解き方

それぞれのベクトルの大きさと偏角を図から読み取ります。偏角はX軸の正方向の線からの角度を読みます。

解答

(1) 大きさ A は三平方の定理より、$A = \sqrt{5^2 + 5^2} = \sqrt{50} = 5\sqrt{2}$、

偏角は $45° = 45 \times \dfrac{\pi}{180} = \dfrac{\pi}{4}$ [rad]

したがって、$\dot{A} = 5\sqrt{2} \angle 45° = 5\sqrt{2} \angle \left(\dfrac{\pi}{4} \right)$

(2) 大きさ B は三平方の定理より、$B = \sqrt{2^2 + (2\sqrt{3})^2} = \sqrt{16} = 4$、

偏角は $30° + 90° = 120° = 120 \times \dfrac{\pi}{180} = \dfrac{2}{3}\pi$ [rad]

したがって、$\dot{B} = 4 \angle 120° = 4 \angle \left(\dfrac{2}{3}\pi \right)$

(3) 大きさ C は三平方の定理より、$C = \sqrt{5^2 + 5^2} = \sqrt{50} = 5\sqrt{2}$、

偏角は $-45° - 90° = -135° = -135 \times \dfrac{\pi}{180} = -\dfrac{3}{4}\pi$ [rad]

したがって、$\dot{C} = 5\sqrt{2} \angle -135° = 5\sqrt{2} \angle \left(-\dfrac{3}{4}\pi \right)$

(4) 大きさ D は三平方の定理より，$D=\sqrt{2^2+(2\sqrt{3})^2}=\sqrt{16}=4$，

偏角は $-60°=-60\times\dfrac{\pi}{180}=-\dfrac{\pi}{3}$ [rad]

したがって，$\dot{B}=4\angle-60°=4\angle\left(-\dfrac{\pi}{3}\right)$

例題 2

図における長さ A，B，C および角度 θ との関係について，(1)から(3)の問いに答えよ。
(1) θ を A と C で示せ。
(2) B を A と θ で示せ。
(3) B を C と θ で示せ。

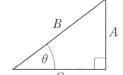

解き方

三角関数 sin，cos，tan を用いて表現します。

解答

(1) $\tan\theta=\dfrac{A}{C}$ より $\theta=\tan^{-1}\left(\dfrac{A}{C}\right)$

(2) $\sin\theta=\dfrac{A}{B}$ より $B=\dfrac{A}{\sin\theta}$

(3) $\cos\theta=\dfrac{C}{B}$ より $B=\dfrac{C}{\cos\theta}$

例題 3

図に示されるベクトル $\dot{A}$ と $\dot{B}$ について，(1)と(2)の問いに答えよ。
(1) $\dot{A}+\dot{B}$ を図示し，ベクトル式を求めよ。
(2) $\dot{A}-\dot{B}$ を図示し，ベクトル式を求めよ。

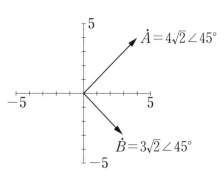

解き方

二つのベクトルの和を求める場合は，ベクトルの始点を合わせて平行四辺形を示し，その斜辺を描きます。ベクトルの差を求める場合は，引くほうのベクトルを180°回転させ，マイナスのベクトルとした後，和を求めます。

解答

(1) $\dot{A}+\dot{B}$ を図 (a) に示します。ベクトルの大きさ $|\dot{A}+\dot{B}|$ は三平方の定理より
$$\sqrt{(4\sqrt{2})^2+(3\sqrt{2})^2}=5\sqrt{2}$$

偏角 θ は，図 (c) の $\theta_1-45°$ で求まります。

$$\tan\theta_1=\frac{4\sqrt{2}}{3\sqrt{2}}=\frac{4}{3} \text{ より，} \theta_1=\tan^{-1}\frac{4}{3}\fallingdotseq 53.1°$$

∴ $\theta=\theta_1-45=53.1-45=8.1°$

したがって $\dot{A}+\dot{B}=5\sqrt{2}\angle 8.1°$

(2) $\dot{A}-\dot{B}$ を図 (b) に示します。ベクトルの大きさ $|\dot{A}-\dot{B}|$ は三平方の定理より
$$\sqrt{(4\sqrt{2})^2+(3\sqrt{2})^2}=5\sqrt{2}$$

偏角 θ は，図 (d) の $\theta_2+45°$ で求まります。

$$\tan\theta_2=\frac{3\sqrt{2}}{4\sqrt{2}}=\frac{3}{4} \text{ より，} \theta_2=\tan^{-1}\frac{3}{4}\fallingdotseq 36.9°$$

∴ $\theta=\theta_2+45=36.9+45=81.9°$

したがって $\dot{A}-\dot{B}=5\sqrt{2}\angle 81.9°$

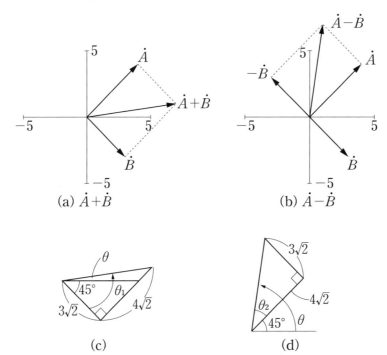

練習問題 16

1 図に示されるベクトル $\dot{A}$ と $\dot{B}$ について，(1)と(2)の問いに答えよ。
(1) $\dot{A}+\dot{B}$ を図示し，ベクトル式を求めよ。
(2) $\dot{A}-\dot{B}$ を図示し，ベクトル式を求めよ。

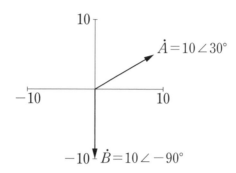

2 次の瞬時値を極座標形式のベクトルで示せ。

$v_1 = 100\sqrt{2}\sin 30t\,[\text{V}]$

$v_2 = 80\sqrt{2}\sin\left(20t+\dfrac{\pi}{4}\right)[\text{V}]$

$v_3 = 120\sin\left(15t-\dfrac{3}{4}\pi\right)[\text{V}]$

$v_4 = 60\sin 45t\,[\text{V}]$

3 図の正弦波交流 v の瞬時値とベクトル式を求めよ。ただし，周波数は 50 Hz とする。

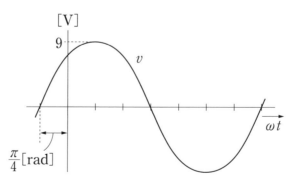

Q&A 3 逆三角関数 tan⁻¹ の考え方

tan⁻¹ という数式がでてきましたが，どのように考えたらよいのでしょうか？

$$\boxed{\tan^{-1}=\frac{4}{3}} \risingdotseq \boxed{53.1°}$$

sin⁻¹, cos⁻¹, tan⁻¹ などは，逆三角関数 (inverse trigonometric function) と呼ばれます。電気回路では，tan⁻¹ x が使われる場面がよくあります。tan⁻¹ の読み方は，「アークタンジェント」が一般的で，tan⁻¹ x なら，「アークタンジェントエックス」と読みます。例えば，通常の三角関数 tanθ において，$\theta=45°$ の場合は，図のように考えて tan 45° の値を求めることができます。

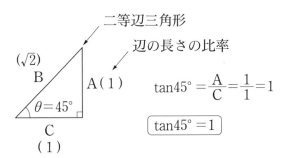

図　tanθ の求め方

一方，tan⁻¹ x は，θ が何度の場合に tanθ の値が x になるかを示します。例えば，tan⁻¹ 1 であれば，tan 45°＝1 なので，tan⁻¹ 1 の値は 45° になります。大抵の関数電卓には，逆三角関数を計算する機能が備わっています。

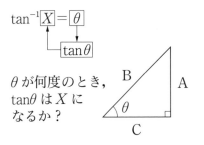

図　tan⁻¹ x の求め方

3.4 交流における抵抗とコイルの働き

キーワード

インダクタンス　ヘンリー　誘導リアクタンス　$X_L=\omega L$　$X_L=2\pi f L$
Rの電流は同相　Lの電流は$\frac{\pi}{2}$[rad]遅れる

ポイント

(1) 交流回路における抵抗Rの働き

・電流の流れを妨げ，オームの法則が成り立ちます。
・位相を変化させる働きは持たず電圧と電流は同相となります。

(2) 抵抗における電圧と電流の関係

　図の回路において，電圧と電流の関係は以下のように示されます。

　(a) 瞬時値表示の場合

$$v=R\cdot i \quad \text{式 3.15}$$

$$i=\frac{v}{R}=\frac{V_m}{R}\sin\omega t \text{ [A]} \quad \text{式 3.16}$$

$$\text{最大値 } I_m=\frac{V_m}{R} \text{ [A]} \quad \text{式 3.17}$$

　(b) ベクトル表示の場合

$$\dot{I}=\frac{\dot{V}}{R}=\frac{V}{R}\angle 0 \text{ [A]} \quad \text{式 3.18}$$

$$\dot{I}\text{の大きさ（実効値）}=|\dot{I}|=I=\frac{V}{R} \text{ [A]} \quad \text{式 3.19}$$

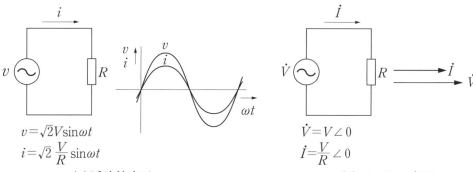

図 3-10　抵抗だけの回路

(3) 交流回路におけるコイル L の働き

- コイルの持つ電気的な性質をインダクタンス（inductance）といい，単位に [H]（ヘンリー）が用いられます。
- 交流電流の流れを妨げる作用を誘導リアクタンス（inductive reactance）X_L [Ω] といいます。

$$X_L = \omega L = 2\pi f L \text{ [Ω]} \quad \text{式 3.20}$$

- 電流の位相は電圧より $\frac{\pi}{2}$ [rad] 遅れます。

- 電圧の位相は電流より $\frac{\pi}{2}$ [rad] 進みます。

(4) コイルにおける電圧と電流の関係

図の回路において，電圧と電流の関係は以下のように示されます。

(a) 電圧を基準とした場合の瞬時値表示

$$v = \sqrt{2} V \sin\omega t \text{ [V]} \quad \text{式 3.21}$$

$$i = \sqrt{2} \frac{V}{X_L} \sin\left(\omega t - \frac{\pi}{2}\right) \text{ [A]} \quad \text{式 3.22}$$

(b) 電圧を基準とした場合のベクトル表示

$$\dot{V} = V \angle 0 \text{ [V]} \quad \text{式 3.23}$$

$$\dot{I} = \frac{V}{X_L} \angle -\frac{\pi}{2} \text{ [A]} \quad \text{式 3.24}$$

(c) 電流を基準とした場合の瞬時値表示

$$i = \sqrt{2} I \sin\omega t \text{ [A]} \quad \text{式 3.25}$$

$$v = \sqrt{2} X_L I \sin\left(\omega t + \frac{\pi}{2}\right) \text{ [V]} \quad \text{式 3.26}$$

(d) 電流を基準としたベクトル表示

$$\dot{I} = I \angle 0 \text{ A} \quad \text{式 3.27}$$

$$\dot{V} = X_L I \angle \frac{\pi}{2} \text{ [V]} \quad \text{式 3.28}$$

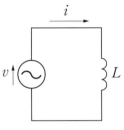

$v = \sqrt{2} V \sin\omega t$
$i = \sqrt{2} \dfrac{V}{X_L} \sin\left(\omega t - \dfrac{\pi}{2}\right)$

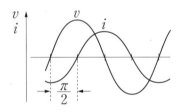

(a) 瞬時値表示

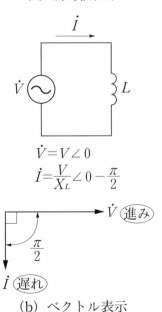

(b) ベクトル表示

図 3-11 コイルだけの回路

3.4 交流における抵抗とコイルの働き

例題 1

図の回路について次の問いに答えよ。
(1) コイル L の誘導リアクタンス X_L は何 [Ω] か。
(2) R を流れる電流 i_R と L を流れる電流 i_L を瞬時値で示せ。

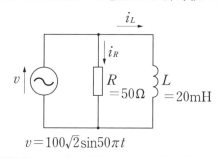

$v = 100\sqrt{2} \sin 50\pi t$

解き方

(1) 誘導リアクタンス $X_L = \omega L$ の式に ω と L の値を代入して求めます。

(2) 交流回路においてもオームの法則が成立することより，

$i_R = \dfrac{v}{R} = \dfrac{100\sqrt{2}}{R} \sin 50\pi t$, $i_L = \dfrac{v}{X_L} = \dfrac{100\sqrt{2}}{\omega L} \sin\left(50\pi t - \dfrac{\pi}{2}\right)$ に R と L の値を代入

して求めます。コイルに流れる電流の位相は電圧に対して $\dfrac{\pi}{2}$ 遅れることより，$-\dfrac{\pi}{2}$ を加えることに注意しましょう。

解答

(1) 交流電源 v の瞬時値より，$\omega = 50\pi$ [rad/s] したがって $X_L = \omega L = 50\pi \times 20 \times 10^{-3} = \pi$ [Ω]

(2) $i_R = \dfrac{v}{R} = \dfrac{100\sqrt{2}}{R} \sin 50\pi t = \dfrac{100\sqrt{2}}{50} \sin 50\pi t = 2\sqrt{2} \sin 50\pi t$ [A]

$i_L = \dfrac{v}{X_L} = \dfrac{100\sqrt{2}}{\pi} \sin\left(50\pi t - \dfrac{\pi}{2}\right)$ [A]

例題 2

50 Hz の交流電圧が与えられている 5 mH のコイルの誘導リアクタンスは何 [Ω] か。

解き方

交流電源の周波数 $f = 50$ Hz を $\omega = 2\pi f$ に代入して角速度 ω に変換します。そして，誘導リアクタンス $X_L = \omega L$ を求めます。

解答

$\omega = 2\pi f = 2 \times \pi \times 50 = 100\pi$ [rad/s] よって，

$X_L = \omega L = 100\pi \times 5 \times 10^{-3} = 0.5\pi$ [Ω]

例題 3

$R = 100\,\Omega$ の抵抗に $\dot{V} = 50\angle\dfrac{\pi}{6}$ [V] の電圧を加えたとき次の問いに答えよ。

(1) 抵抗を流れる電流 $\dot{I}$ を求めよ。

(2) $\dot{V}$ と $\dot{I}$ をベクトル図で示せ（位相関係が分かればベクトル線は適当な長さでかまわない）。

解き方

(1) オームの法則より $\dot{I} = \dfrac{\dot{V}}{R}$ を求めます。

(2) 電圧 $\dot{V}$ は，∠0 となる基準線（X 軸）に対して位相が $\dfrac{\pi}{6}$ 進み，その長さは実効値 $V = 50$ となる。電流 $\dot{I}$ の方向は電圧 $\dot{V}$ と同相であり大きさは実効値 I となります。

解答

(1) $\dot{I} = \dfrac{\dot{V}}{R} = \dfrac{50}{100}\angle\dfrac{\pi}{6} = 0.5\angle\dfrac{\pi}{6}$ [A]

(2) 図に解答例を示します。

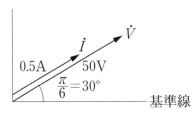

例題 4

$L = 10\,\text{mH}$ のコイルに $\dot{V} = 100\angle\dfrac{\pi}{4}$ [V] の電圧を加えたとき次の問いに答えよ。ただし交流の周波数 f は $50\,\text{Hz}$ とする。

(1) コイルを流れる電流 $\dot{I}$ を求めよ。

(2) $\dot{V}$ と $\dot{I}$ をベクトル図で示せ（ベクトル線は適当な長さでよい）。

解き方

(1) コイルの誘導リアクタンス $X_L = \omega L$ [Ω] をオームの法則 $\dot{I} = \dfrac{\dot{V}}{X_L}$ に適用します。このとき，電流の位相が $\dfrac{\pi}{2}$ 遅れることに注意しましょう。

(2) 電圧 $\dot{V}$ は，∠0となる基準線（X軸）に対して位相が $\dfrac{\pi}{4}$ 進み，その長さは実効値 $V=100$ となります。電流 $\dot{I}$ の方向は電圧 $\dot{V}$ に対して $\dfrac{\pi}{2}$ 遅れ，大きさは実効値 I となります。

解答

(1) $X_L = \omega L = 2\pi f L = 2 \times \pi \times 50 \times 10 \times 10^{-3} = \pi$ [Ω]

$$\dot{I} = \dfrac{\dot{V}}{X_L} = \dfrac{100}{\pi} \angle \left(\dfrac{\pi}{4} - \dfrac{\pi}{2} \right) = \dfrac{100}{\pi} \angle -\dfrac{\pi}{4} \text{ [A]}$$

(2) 図に解答例を示します。

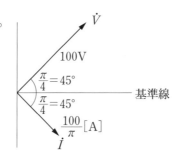

例題 5

$L = 50\,\text{mH}$ のコイルに $\dot{I} = 5 \angle \dfrac{\pi}{4}$ [A] の電流が流れたとき次の問いに答えよ。ただし交流の周波数 f は 50 Hz とする。

(1) コイルに加わる電圧 $\dot{V}$ を求めよ。
(2) $\dot{V}$ と $\dot{I}$ をベクトル図で示せ。

解答

(1) $X_L = \omega L = 2\pi f L = 2 \times \pi \times 50 \times 50 \times 10^{-3} = 5\pi$ [Ω]

$$\dot{V} = X_L \dot{I} = 5\pi \times 5 \angle \left(\dfrac{\pi}{4} + \dfrac{\pi}{2} \right) = 25\pi \angle \dfrac{3}{4}\pi \text{ [V]}$$

(2) 図に解答例を示します。

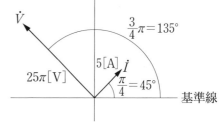

練習問題 17

1 図の回路について抵抗 R を流れる電流 i_R を瞬時値で示せ。

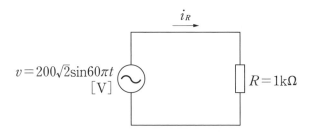

2 図の回路についてコイル L を流れる電流 i_L を瞬時値で示せ。

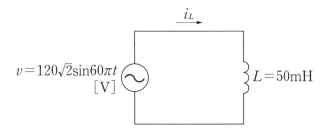

3 $R=200\,\Omega$ の抵抗に $\dot{V}=100\angle\dfrac{\pi}{4}$ [V] の電圧を加えた時，抵抗を流れる流電 $\dot{I}$ を求めよ。また，$\dot{V}$ と $\dot{I}$ の位相関係をベクトル図で示せ。

4 $L=5\,\mathrm{mH}$ のコイルに $\dot{V}=200\angle\dfrac{\pi}{2}$ [V]，周波数 $f=100\,\mathrm{Hz}$ の電圧を加えたとき，コイルを流れる電流 $\dot{I}$ を求めよ。また。$\dot{V}$ と $\dot{I}$ の位相関係をベクトル図に示せ。

3.5 交流におけるコンデンサの働き

キーワード

コンデンサ　ファラド　容量リアクタンス　$X_C = \dfrac{1}{\omega C}$　$X_C = \dfrac{1}{2\pi f C}$

Cの電流は$\dfrac{\pi}{2}$[rad]進む

ポイント

(1) 交流回路におけるコンデンサCの働き

- コンデンサはキャパシタとも呼ばれ，単位に[F]（ファラド）が用いられます。
- 交流電流の流れを妨げる作用を容量リアクタンス（capacitive reactance）X_C[Ω] といいます。

$$X_C = \dfrac{1}{\omega C} = \dfrac{1}{2\pi f C} \, [\Omega] \quad \cdots\cdots\text{式 3.29}$$

- 電流の位相は電圧より$\dfrac{\pi}{2}$[rad]進みます。

- 電圧の位相は電流より$\dfrac{\pi}{2}$[rad]遅れます。

(2) コンデンサにおける電圧と電流の関係

図の回路において，電圧と電流の関係は以下のように示されます。

(a) 電圧を基準とした場合の瞬時値表示

$$v = \sqrt{2}\,V\sin\omega t \, [\text{V}] \quad \cdots\cdots\text{式 3.30}$$

$$i = \sqrt{2}\,\dfrac{V}{X_C}\sin\left(\omega t + \dfrac{\pi}{2}\right) [\text{A}] \quad \cdots\cdots\text{式 3.31}$$

(b) 電圧を基準とした場合のベクトル表示

$$\dot{V} = V\angle 0 \, \text{V} \quad \cdots\cdots\text{式 3.32}$$

$$\dot{I} = \dfrac{V}{X_C}\angle \dfrac{\pi}{2} \, [\text{A}] \quad \cdots\cdots\text{式 3.33}$$

(c) 電流を基準とした場合の瞬時値表示

$$i = \sqrt{2}\,I\sin\omega t \, [\text{A}] \quad \cdots\cdots\text{式 3.34}$$

$$v = \sqrt{2}\,X_C I\sin\left(\omega t - \dfrac{\pi}{2}\right)[\text{V}] \quad \cdots\cdots\text{式 3.35}$$

(d) 電流を基準としたベクトル表示

$$\dot{I} = I \angle 0 \, \text{A} \quad \text{式 3.36}$$

$$\dot{V} = X_C I \angle -\frac{\pi}{2} \, [\text{V}] \quad \text{式 3.37}$$

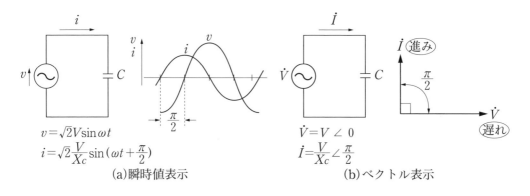

図3-12　コンデンサだけの回路

(3) コンデンサと抵抗の並列接続

並列回路では，CとRに同じ電圧$\dot{V}$が加わります。Rについては，$\dot{I}_R$と$\dot{V}$の位相が同相になります。しかし，Cについては，$\dot{I}_C$が$\dot{V}$より$\frac{\pi}{2}$進みます。これらの関係をベクトル表示すれば，全電流$\dot{I}$を$\dot{I}_C$と$\dot{I}_R$を合成したベクトルとして描くことができます。また，$\dot{V}$に対する$\dot{I}$の進み位相は，$\theta = \tan^{-1} \frac{I_C}{I_R}$となります。

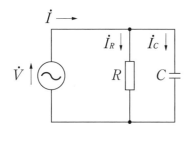

図3-13　コンデンサと抵抗の並列接続

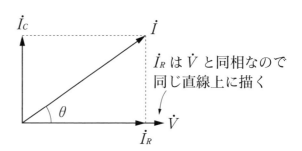

図3-14　ベクトル表示

例題 1

図の回路について次の問いに答えよ。
(1) コンデンサ C の容量リアクタンス X_C は何 $[\Omega]$ か。
(2) C を流れる電流 i_C を瞬時値で示せ。

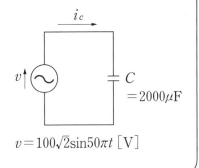

解き方

(1) 容量リアクタンス $X_C = \dfrac{1}{\omega C}$ の式に ω と C の値を代入して求めます。

(2) 交流回路においてもオームの法則が成立することより，

$i_C = \dfrac{v}{X_C} = 100\sqrt{2}\,\omega C \sin\left(50\pi t + \dfrac{\pi}{2}\right)$ に C の値を代入して求めます。コンデンサに流れる電流の位相は電圧に対して $\dfrac{\pi}{2}$ 進むことより，$\dfrac{\pi}{2}$ を加えることに注意しましょう。

解答

(1) 交流電源 v の瞬時値より，$\omega = 50\pi$ [rad/s] したがって

$$X_C = \dfrac{1}{\omega C} = 1 \div (50\pi \times 2000 \times 10^{-6}) = \dfrac{10}{\pi} \ [\Omega]$$

(2) $i_C = \dfrac{v}{X_C} = \dfrac{100\sqrt{2}}{\dfrac{10}{\pi}} \sin\left(50\pi t + \dfrac{\pi}{2}\right) = 10\sqrt{2}\,\pi \sin\left(50\pi t + \dfrac{\pi}{2}\right)$ [A]

例題 2

50 Hz の交流電圧が与えられている 200 pF のコンデンサの容量リアクタンスは何 $[\Omega]$ か。

解き方

交流電源の周波数 $f = 50$ Hz を $\omega = 2\pi f$ に代入して角速度 ω に変換します。そして，容量リアクタンス $X_C = \dfrac{1}{\omega C}$ を求めます。

解答

$\omega = 2\pi f = 2 \times \pi \times 50 = 100\pi$ [rad/s] よって，

$$X_C = \frac{1}{\omega C} = 1 \div (100\pi \times 200 \times 10^{-12}) = \frac{50}{\pi} \times 10^6 = \frac{50}{\pi} \ [\mathrm{M\Omega}]$$

> **例題 3**
>
> $C = 1000\mu\mathrm{F}$ のコンデンサに $\dot{V} = 100\angle\frac{\pi}{4}$ [V] の電圧を加えたとき次の問いに答えよ。ただし交流の周波数 f は 50 Hz とする。
> (1) コンデンサを流れる電流 $\dot{I}$ を求めよ。
> (2) $\dot{V}$ と $\dot{I}$ の位相関係をベクトル図で示せ（ベクトル線は適当な長さでかまわない）。

【解き方】

(1) コンデンサの容量リアクタンス $X_C = \frac{1}{\omega C}\ [\Omega]$ をオームの法則 $\dot{I} = \frac{\dot{V}}{X_C}$ に適用します。このとき，電流の位相が $\frac{\pi}{2}$ 進むことに注意しましょう。

(2) 電圧 $\dot{V}$ は，$\angle 0$ となる基準線（X 軸）に対して位相が $\frac{\pi}{4}$ 進み，その長さは実効値 $V = 100$ となります。電流 $\dot{I}$ の方向は電圧 $\dot{V}$ に対して $\frac{\pi}{2}$ 進み，大きさは実効値 I となります。

【解答】

(1) $X_C = \dfrac{1}{\omega C} = \dfrac{1}{2\pi f C} = \dfrac{1}{2 \times \pi \times 50 \times 1000 \times 10^{-6}} = \dfrac{10}{\pi}\ [\Omega]$

$\dot{I} = \dfrac{\dot{V}}{X_C} = \dfrac{100}{\frac{10}{\pi}} \angle \left(\dfrac{\pi}{4} + \dfrac{\pi}{2}\right) = 10\pi \angle \dfrac{3}{4}\pi\ [\mathrm{A}]$

(2) 図に解答例を示します。

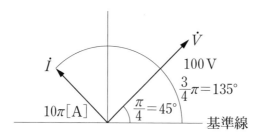

例題 4

$C=500\mu F$ のコンデンサに $\dot{I}=5\angle\dfrac{\pi}{4}$ [A] の電流が流れたとき次の問いに答えよ。ただし交流の周波数 f は 50 Hz とする。

(1) コンデンサに加わる電圧 $\dot{V}$ を求めよ。

(2) $\dot{V}$ と $\dot{I}$ の位相関係をベクトル図で示せ（ベクトル線は適当な長さでかまわない）。

解答

(1) $X_C=\dfrac{1}{\omega C}=\dfrac{1}{2\pi fC}=\dfrac{1}{2\times\pi\times50\times500\times10^{-6}}=\dfrac{20}{\pi}$ [Ω]

$\dot{V}=X_C\dot{I}=\dfrac{20}{\pi}\times5\angle\left(\dfrac{\pi}{4}-\dfrac{\pi}{2}\right)=\dfrac{100}{\pi}\angle-\dfrac{\pi}{4}$ [V]

(2) 図に解答例を示します。

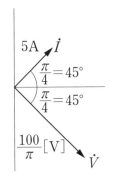

例題 5

図の回路について次の問に答えよ。

(1) コンデンサ C の容量リアクタンス X_C は何 [Ω] か。

(2) R を流れる電流 i_R と C を流れる電流 i_C を瞬時値で示せ。

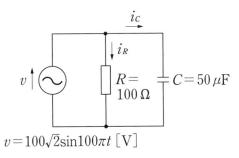

解き方

(1) 容量リアクタンス $X_C = \dfrac{1}{\omega C}$ の式に ω と C の値を代入して求めます。

(2) オームの法則を用いて，次の式で計算します。

$$i_R = \dfrac{v}{R}, \quad i_C = \dfrac{v}{X_C} = v\omega C$$

コンデンサに流れる電流の位相は，電圧に対して $\dfrac{\pi}{2}$ 進むことより，$\dfrac{\pi}{2}$ を加えることに注意しましょう。

解答

(1) 交流電源 v の瞬時値より，$\omega = 100\pi$ [rad/s] したがって

$$X_C = \dfrac{1}{\omega C} = \dfrac{1}{100\pi \times 50 \times 10^{-6}} = \dfrac{1}{5\pi \times 10^{-3}} = \dfrac{1}{5\pi} \text{ [k}\Omega\text{]}$$

(2) $i_R = \dfrac{v}{R} = \dfrac{100\sqrt{2}}{100} \sin 100\pi t = \sqrt{2} \sin 100\pi t$ [A]

$i_C = \dfrac{v}{X_C} = 5\pi \times 100\sqrt{2} \sin 100\pi t = 500\sqrt{2}\,\pi \sin\left(100\pi t + \dfrac{\pi}{2}\right)$ [A]

練習問題 18

1 $C=500\,\mathrm{pF}$ のコンデンサに $\dot{V}=15\angle 0$ の電圧を加えたとき，次の問いに答えよ。ただし交流の周波数 f は $2\,\mathrm{MHz}$ とする。

(1) コンデンサの容量リアクタンス X_C を求めよ。
(2) コンデンサを流れる電流 $\dot{I}$ を求めよ。
(3) $\dot{V}$ と $\dot{I}$ の位相関係をベクトル図で示せ

2 図の回路の誘導リアクタンス X_L および容量リアクタンス X_C を求めよ。

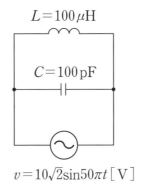

$v=10\sqrt{2}\sin 50\pi t\,[\mathrm{V}]$

3 図の回路全体の容量リアクタンスを求めよ。

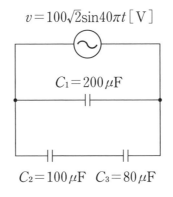

# EMC 試験の必要性

アンリツ株式会社　商品開発部
阿部高也

　市販される製品には各メーカーで定めた性能以外にも，法令で定められた性能があります。法令では，試験の測定環境や手順，満たすべき規格値が定められています。その中にEMC：electromagnetic compatibility 試験と呼ばれる試験があります。

● EMC 試験の内容

　EMC 試験は機器に対する電磁的な影響に対する耐性を評価する EMS：electromagnetic susceptibility と呼ばれる試験と電磁的な影響を他の機器に与えない事を評価する EMI：electromagnetic interference 試験に大別されます。EMS 試験では，装置への電波の放射や，電源の電圧変動や，静電気を筐体に印加したりして，影響がないことを確認します。EMI 試験では，装置から発生する電磁波や電源ラインに漏れるノイズが基準値以下であることを確認します。

●よくあるトラブル①：機器の外への電磁波漏れ

　器機には放熱のために通気口を設けますが，ここから電磁波が漏れだすことがあります。理想的には，まったく穴の開いていない金属で囲まれたケースに収め，そのケースをGND 電位にしていれば電磁波が器機外に漏れることは少ないですが，放熱の事を考えると現実的ではありません。電波が漏れださずに放熱ができる筐体設計が必要になります。通気口以外にも，器機のコネクタやフレームのつなぎ目から電磁波が漏れだすことがあります。これらは，ガスケットと呼ばれる導電性のスポンジ状の素材や金属の板バネのようなもので隙間を埋めたりします。そうすることで，筐体の金属部品間で GND 電位が保たれ，筐体外に漏れる電磁波を少なくすることが出来ます。

●よくあるトラブル②：静電気による誤作動

　筐体の電位を GND に保つことは非常に重要で，これが良くないと他にも問題が発生します。例えば，静電気印可試験で問題が発生する場合があります。静電気印可試験は静電気シミュレータという装置で，人工的に静電気を発生させて筐体に放電します。通常は筐体内の回路基板を筐体にねじ止めし，回路上の GND 電位と筐体の GND 電位が等しくなるようにしていますが，静電気が印可された箇所は一瞬だけ電位が上昇します。この時，回路基板が取り付けられたフレームの GND 電位への電気抵抗が高いと，電気回路のGND 電位が変動して，電気回路が誤動作する場合があります。これを防ぐためには，金属製のワイヤーで筐体のフレーム間を接続し GND 電位との電気抵抗を少なくします。こ

れにより，静電気が印可された箇所の電位の上昇を少なくします。このような，筐体の電位とACコンセントのGNDと筐体の電気抵抗を少なくすることを，GNDを強化すると言っています。

● **よくあるトラブル③：電源からのノイズ**

EMC試験では，ACコンセントからノイズが流れ込むことを想定した試験もあります。電源ラインからノイズが流れ込むと器機が正常に動作しなくなる場合があります。これらを防ぐには電源ラインへのノイズフィルタの挿入や，ノイズに強い電源回路の設計を行います。稀に，電源ノイズの対策をしていても，本番の試験で問題が発生することがあります。その場合，フェライトでできた磁性体で，円筒状になっているフェライトコアという部品を使用します。このフェライトコアの穴にケーブルを通すことで，高周波成分を少なくして，電源回路にノイズが流れ込まないようにします。ACアダプタなどのケーブルに膨らんだ箇所がある場合，そこにはフェライトコアが使用されており，ケーブルに流れる不要な高周波成分を除去する働きをしています。

以上の様に，EMC試験を行い法令で決められた基準を満たすためには，電気回路だけではなく装置全体を考慮した設計が必要になります。

4章

交流回路の計算

　交流回路では，時刻とともにその大きさと向きが異なるため，直流回路の知識に加えて，波形の位相や周波数に留意する必要があります。具体的には，電流と電圧の位相差と回路要素（抵抗，コンデンサ，コイル）の働きによる位相の変化を把握して回路を解く必要があります。

　本章では，抵抗 R，コンデンサ C，コイル L による並列回路と直列回路に関する解法を学習しましょう。また，交流回路の電力の計算について取り上げます。

4.1 RLC 並列回路

4章 交流回路の計算

キーワード

RLC 並列　電圧ベクトル基準　合成ベクトル　位相　$\theta = \tan^{-1}\dfrac{I_L - I_C}{I_R}$

RL 並列回路　RC 並列回路　並列共振　共振周波数　$f_0 = \dfrac{1}{2\pi\sqrt{LC}}$

ポイント

(1) RLC 並列回路の位相

RLC 並列回路は各要素に加わる電圧が共通であるため，電圧を基準ベクトルとして扱います。

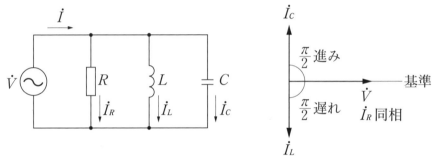

図 4-1　RLC 並列回路

(2) 電流の大きさと位相角

RLC 並列回路を流れる全電流 $\dot{I}$（図 4-1 参照）は，電流 $\dot{I}_R$ と $\dot{I}_L$ と $\dot{I}_C$ の合成ベクトルで示されます。

$$\dot{I} = \dot{I}_R + \dot{I}_L + \dot{I}_C \quad \cdots\cdots 式\ 4.1$$

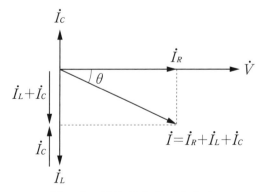

図 4-2　電流の合成ベクトル

電圧 $\dot{V}$ に対する電流 $\dot{I}$ の遅れ位相は

$$\theta = \tan^{-1}\frac{I_L - I_C}{I_R} \quad \cdots\cdots\cdots 式\ 4.2$$

$I_L < I_C$ のときは進み位相，$I_L > I_C$ のときは遅れ位相となります。

電流の大きさ I は，合成ベクトル $\dot{I}$ の大きさとなります。

$$I = \sqrt{I_R^2 + (I_L - I_C)^2} \quad \cdots\cdots\cdots 式\ 4.3$$

(3) 並列共振

RLC 並列回路で誘導リアクタンス X_L と容量リアクタンス X_C の大きさが等しいときを並列共振であるといいます。並列共振の場合，$\dot{I}_L$ と $\dot{I}_C$ は相殺され $\dot{I}_R$ のみとなります。

$$\dot{I} = \dot{I}_R \quad \cdots\cdots\cdots 式\ 4.4$$

共振時の周波数を共振周波数といいます。

$$共振周波数 f_0 = \frac{1}{2\pi\sqrt{LC}}\ [\mathrm{Hz}] \quad \cdots\cdots\cdots 式\ 4.5$$

(4) RL 並列回路，RC 並列回路

RLC 並列回路において L もしくは C を取り除いた回路を考えます。

・RL 並列回路の場合

$$電流の大きさ I = \sqrt{I_R^2 + I_L^2} \quad \cdots\cdots\cdots 式\ 4.6$$

$$遅れ角 \theta = \tan^{-1}\frac{I_L}{I_R} \quad \cdots\cdots\cdots 式\ 4.7$$

・RC 並列回路の場合

$$電流の大きさ I = \sqrt{I_R^2 + I_C^2} \quad \cdots\cdots\cdots 式\ 4.8$$

$$遅れ角 \theta = \tan^{-1}-\frac{I_C}{I_R} \quad \cdots\cdots\cdots 式\ 4.9$$

$$進み角 \theta = \tan^{-1}\frac{I_C}{I_R} \quad \cdots\cdots\cdots 式\ 4.10$$

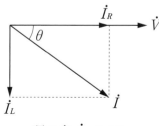
遅れ角 $\dot{I} = I\angle\theta$

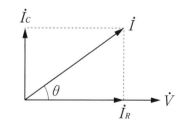
進み角 $\dot{I} = I\angle\theta$ （遅れ角 $\dot{I} = I\angle -\theta$）

図 4-3　RC 並列回路の遅れ角，進み角

例題 1

図の回路において次の問いに答えよ。

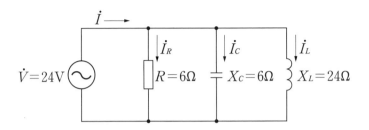

(1) $\dot{I}_R$ を求めよ。
(2) $\dot{I}_C$ を求めよ。
(3) $\dot{I}_L$ を求めよ。
(4) $\dot{I}$ の大きさ I を求めよ。
(5) $\dot{V}$ に対する $\dot{I}$ の位相差を求めよ。

解き方

(1)〜(3) R, L, C の各要素には共通に $\dot{V}$ が加わっています。$\dot{V}=24\angle 0$ として各電流のベクトルを求めます。このとき，電圧に対する電流の位相差は，R は同相，C は $\frac{\pi}{2}$ 進み，L は $\frac{\pi}{2}$ 遅れとなります。

(4) $\dot{I}$ の大きさは $|\dot{I}|=I=\sqrt{I_R{}^2+(I_L-I_C)^2}$ となります。

(5) 電圧 $\dot{V}$ に対する電流 $\dot{I}$ の遅れ位相は，$\theta=\tan^{-1}\dfrac{I_L-I_C}{I_R}$ となります。

解答

(1) $\dot{I}_R=\dfrac{\dot{V}}{R}=\dfrac{24}{6}\angle 0=4\angle 0\,\text{A}$

(2) $\dot{I}_C=\dfrac{\dot{V}}{X_C}=\dfrac{24}{6}\angle \dfrac{\pi}{2}=4\angle \dfrac{\pi}{2}\,[\text{A}]$

(3) $\dot{I}_L=\dfrac{\dot{V}}{X_L}=\dfrac{24}{24}\angle -\dfrac{\pi}{2}=1\angle -\dfrac{\pi}{2}\,[\text{A}]$

(4) $I=\sqrt{I_R{}^2+(I_L-I_C)^2}=\sqrt{4^2+(1-4)^2}$
$\quad =5\,\text{A}$

(5) 遅れ位相 $\theta=\tan^{-1}\dfrac{I_L-I_C}{I_R}=\tan^{-1}\dfrac{1-4}{4}=\tan^{-1}\dfrac{-3}{4}\fallingdotseq -36.9°$ （36.9°進む）

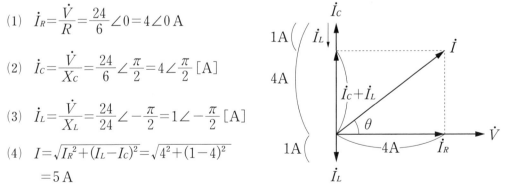

例題 2

図の回路において次の問いに答えよ。

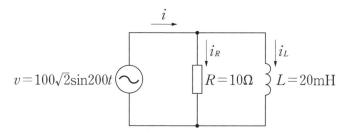

(1) 抵抗 R を流れる電流 i_R を求めよ。
(2) コイル L の誘導リアクタンス X_L を求めよ。
(3) コイルを流れる電流 i_L を求めよ。
(4) 回路を流れる電流 i を求めよ。

解き方

(1) $i_R = \dfrac{v}{R}$ （位相は電圧と同相）

(2) $X_L = \omega L$ により求まります。

(3) $i_L = \dfrac{v}{X_L}$ （位相は電圧より $\dfrac{\pi}{2}$ 遅れる）

(4) i の最大値 I_m は i_R の最大値 I_{mR} と i_L の最大値 I_{mL} の合成であり，三平方の定理を用いて $I_m = \sqrt{I_{mR}^2 + I_{mL}^2}$

遅れ角 θ は $\tan^{-1}\dfrac{I_L}{I_R} = \tan^{-1}\dfrac{I_{mL}}{I_{mR}}$ で求まります。

解答

(1) $i_R = \dfrac{v}{R} = \dfrac{100\sqrt{2}}{10}\sin 200t = 10\sqrt{2}\sin 200t\ [\text{A}]$

(2) $X_L = \omega L = 200 \times 20 \times 10^{-3} = 4\ \Omega$

(3) $I_L = \dfrac{v}{X_L} = \dfrac{100\sqrt{2}}{4}\sin\left(200t - \dfrac{\pi}{2}\right) = 25\sqrt{2}\sin\left(200t - \dfrac{\pi}{2}\right)\ [\text{A}]$

(4) $I_m = \sqrt{I_{mR}^2 + I_{mL}^2} = \sqrt{(10\sqrt{2})^2 + (25\sqrt{2})^2} \fallingdotseq 38.1\ \text{A}$

遅れ位相 $\theta = \tan^{-1}\dfrac{I_L}{I_R} = \tan^{-1}\dfrac{I_{mL}}{I_{mR}} = \tan^{-1}\dfrac{25\sqrt{2}}{10\sqrt{2}} \fallingdotseq 68.2\ [°] \fallingdotseq 0.38\pi\ [\text{rad}]$

これらのことより，$i = 38.1\sin(200t - 0.38\pi)\ [\text{A}]$

例題 3

図の回路において次の問いに答えよ。

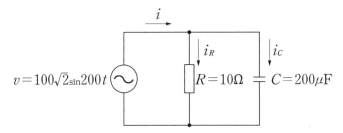

(1) 抵抗 R を流れる電流 i_R を求めよ。
(2) コンデンサ C の容量リアクタンス X_C を求めよ。
(3) コンデンサを流れる電流 i_C を求めよ。
(4) 回路を流れる電流 i を求めよ。

解き方

(1) $i_R = \dfrac{v}{R}$（位相は電圧と同相）

(2) $X_C = \dfrac{1}{\omega C}$ により求まります。

(3) $i_C = \dfrac{v}{X_C}$（位相は電圧より $\dfrac{\pi}{2}$ 進む）

(4) i の最大値 I_m は i_R の最大値 I_{mR} と i_C 最大値 I_{mC} の合成であり，三平方の定理を用いて $I_m = \sqrt{I_{mR}^2 + I_{mC}^2}$

進み角 θ は $\tan^{-1}\dfrac{I_C}{I_R} = \tan^{-1}\dfrac{I_{mC}}{I_{mR}}$ で求まります。

解答

(1) $i_R = \dfrac{v}{R} = \dfrac{100\sqrt{2}}{10}\sin 200t = 10\sqrt{2}\sin 200t$ [A]

(2) $X_C = \dfrac{1}{\omega C} = \dfrac{1}{200 \times 200 \times 10^{-6}} = 25\,\Omega$

(3) $i_C = \dfrac{v}{X_C} = \dfrac{100\sqrt{2}}{25}\sin\left(200t + \dfrac{\pi}{2}\right) = 4\sqrt{2}\sin\left(200t + \dfrac{\pi}{2}\right)$ [A]

(4) $I_m = \sqrt{I_{mR}^2 + I_{mC}^2} = \sqrt{(10\sqrt{2})^2 + (4\sqrt{2})^2} \fallingdotseq 15.2$ A

進み位相 $\theta = \tan^{-1}\dfrac{I_C}{I_R} = \tan^{-1}\dfrac{I_{mC}}{I_{mR}} = \tan^{-1}\dfrac{4\sqrt{2}}{10\sqrt{2}} \fallingdotseq 21.8\,[°] \fallingdotseq 0.12\pi$ [rad]

これらのことより，$i = 15.2\sin(200t + 0.12\pi)$ [A]

練習問題 19

1 図の回路において次の問いに答えよ。

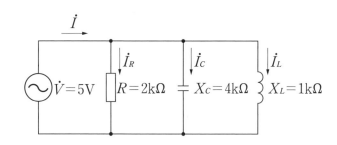

(1) $\dot{I}_R$ を求めよ。
(2) $\dot{I}_C$ を求めよ。
(3) $\dot{I}_L$ を求めよ。
(4) $\dot{I}$ の大きさ I を求めよ。
(5) $\dot{V}$ に対する $\dot{I}$ の位相差を求めよ。
(6) $\dot{I}_R$, $\dot{I}_C$, $\dot{I}_L$, $\dot{V}$ の位相関係をベクトル図に示せ。

2 図の回路において i_R, i_C, i_L, i をそれぞれ求めよ。

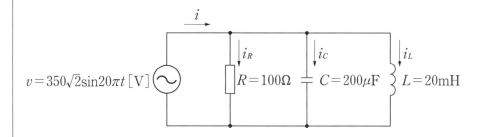

4.2 RL直列回路, RC直列回路

4章 交流回路の計算

キーワード

RL直列回路　RC直列回路　電流ベクトル基準　インピーダンス

$\dot{V_L}=X_L I \angle \frac{\pi}{2}$　$V=\sqrt{V_R{}^2+V_L{}^2}$　$\theta=\tan^{-1}\frac{X_L}{R}$　$\dot{V_C}=X_C I \angle -\frac{\pi}{2}$

$V=\sqrt{V_R{}^2+V_C{}^2}$　$\theta=\tan^{-1}\frac{X_C}{R}$　インピーダンス　$Z=\sqrt{R^2+X_L{}^2}$

$Z=\sqrt{R^2+X_C{}^2}$

ポイント

(1) 交流における直列回路

直列回路では各要素を流れる電流が共通なので，電流 $\dot{I}$ を基準として扱います。

(2) RL直列回路

$\dot{I}=I \angle 0$ を基準にした場合，

　　抵抗 R に加わる電圧 $\dot{V_R}$ は

　　$\dot{V_R}=RI\angle 0$ ……………………………………………………………… 式 4.11

　　コイル L に加わる電圧 $\dot{V_L}$ は

　　$\dot{V_L}=X_L I \angle \frac{\pi}{2}$ ……………………………… 式 4.12　（電流に対して $\frac{\pi}{2}$ 進む）

　回路全体に加わる電圧 $\dot{V}$ は $\dot{V_R}$ と $\dot{V_L}$ の合成ベクトルとなり，その大きさは

　　$V=\sqrt{V_R{}^2+V_L{}^2}=\sqrt{R^2+X_L{}^2}\,I$ ………………………………………… 式 4.13

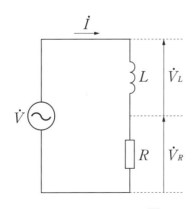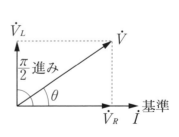

図 4-4　RL直列回路

電流 $\dot{I}$ に対する電圧 $\dot{V}$ の位相 θ は進み角となり

$$\theta = \tan^{-1} \frac{X_L}{R} \quad \text{式 4.14}$$

(3) RC 直列回路

$\dot{I} = I \angle 0$ を基準にした場合,

抵抗 R に加わる電圧 $\dot{V}_R$ は

$$\dot{V}_R = RI \angle 0 \quad \text{式 4.15}$$

コンデンサ C に加わる電圧 $\dot{V}_C$ は

$$\dot{V}_C = X_C I \angle -\frac{\pi}{2} \quad \text{式 4.16} \quad \left(\text{電流に対して} \frac{\pi}{2} \text{遅れる}\right)$$

回路全体に加わる電圧 $\dot{V}$ は $\dot{V}_R$ と $\dot{V}_C$ の合成ベクトルとなり, その大きさは

$$V = \sqrt{V_R^2 + V_C^2} = \sqrt{R^2 + X_C^2}\, I \quad \text{式4.17}$$

電流 $\dot{I}$ に対する電圧 $\dot{V}$ の位相 θ は遅れ角となり

$$\theta = \tan^{-1} \frac{X_C}{R} \quad \text{式4.18}$$

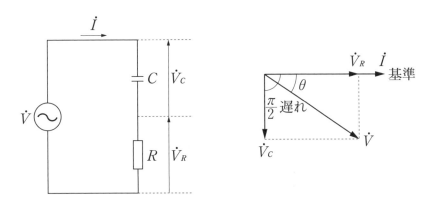

図 4-5 RC 直列回路

(4) 直列回路における抵抗成分

式 4.13 の $\sqrt{R^2 + X_L^2}$ や式4.17の $\sqrt{R^2 + X_C^2}$ は, 交流回路における抵抗成分を示し, インピーダンス (impedance) と呼ばれます。インピーダンスは記号 Z, 単位 Ω が用いられます。

$$Z = \sqrt{R^2 + X_L^2}\ [\Omega] \quad \text{式 4.19} \quad (RL \text{直列回路})$$

$$Z = \sqrt{R^2 + X_C^2}\ [\Omega] \quad \text{式 4.20} \quad (RC \text{直列回路})$$

例題 1

図のRL直列回路において次の問いに答えよ。

(1) $\dot{V}_R$ を求めよ。
(2) $\dot{V}_L$ を求めよ。
(3) $\dot{V}$ の大きさVを求めよ。
(4) $\dot{I}$ に対する$\dot{V}$の進み位相を求めよ。
(5) インピーダンスZを求めよ。

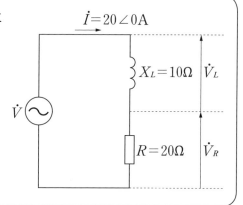

解き方

(1) $\dot{V}_R = R\dot{I} = RI\angle 0$

(2) $\dot{V}_L = X_L\dot{I} = X_L I\angle \dfrac{\pi}{2}$ （電流に対して進み位相）

(3) $\dot{V}$ は $\dot{V}_R$ と $\dot{V}_L$ の合成ベクトルであり，その大きさは V_R と V_L を三平方の定理にあてはめて求めます。

(4) ベクトル図において $\theta = \tan^{-1}\dfrac{X_L}{R} = \tan^{-1}\dfrac{V_L}{V_R}$ を求めます。

(5) RL直列回路のインピーダンスは $Z = \sqrt{R^2 + X_L^2}$

解答

(1) $\dot{V}_R = RI\angle 0 = 20 \times 20\angle 0 = 400\angle 0$ V

(2) $\dot{V}_L = X_L I\angle \dfrac{\pi}{2} = 10 \times 20\angle \dfrac{\pi}{2} = 200\angle \dfrac{\pi}{2}$ [V]

(3) ベクトル図より
$V = \sqrt{V_R^2 + V_L^2} = \sqrt{400^2 + 200^2} = 200\sqrt{5}$ V

(4) $\theta = \tan^{-1}\dfrac{V_L}{V_R} = \tan^{-1}\dfrac{200}{400} \fallingdotseq 26.6°$

(5) $Z = \sqrt{R^2 + X_L^2} = \sqrt{20^2 + 10^2} = 10\sqrt{5}$ Ω

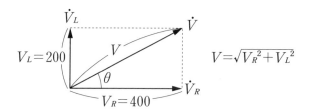

例題 2

図の RC 直列回路において次の問いに答えよ。
(1) $\dot{V}_R$ を求めよ。
(2) $\dot{V}_C$ を求めよ。
(3) $\dot{V}$ の大きさ V を求めよ。
(4) $\dot{I}$ に対する $\dot{V}$ の遅れ位相を求めよ。
(5) インピーダンス Z を求めよ。

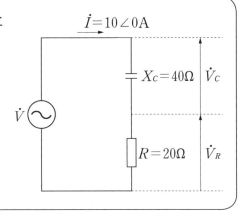

解き方

(1) $\dot{V}_R = R\dot{I} = RI\angle 0$

(2) $\dot{V}_C = X_C \dot{I} = X_C I \angle -\dfrac{\pi}{2}$ （電流に対して遅れ位相）

(3) $\dot{V}$ は $\dot{V}_R$ と $\dot{V}_C$ の合成ベクトルであり，その大きさは V_R と V_C を三平方の定理にあてはめて求めます。

(4) ベクトル図において $\theta = \tan^{-1}\dfrac{X_C}{R} = \tan^{-1}\dfrac{V_C}{V_R}$ を求めます。

(5) RC 直列回路のインピーダンスは $Z = \sqrt{R^2 + X_C^2}$

解答

(1) $\dot{V}_R = RI\angle 0 = 20 \times 10 \angle 0 = 200\angle 0 \text{ V}$

(2) $\dot{V}_C = X_C I \angle -\dfrac{\pi}{2} = 40 \times 10 \angle -\dfrac{\pi}{2} = 400 \angle -\dfrac{\pi}{2}$ [V]

(3) ベクトル図より
$V = \sqrt{V_R^2 + V_C^2} = \sqrt{200^2 + 400^2}$
$\quad = 200\sqrt{5} \text{ V}$

(4) $\theta = \tan^{-1}\dfrac{V_C}{V_R} = \tan^{-1}\dfrac{400}{200} \fallingdotseq 63.4°$

(5) $Z = \sqrt{R^2 + X_C^2} = \sqrt{20^2 + 40^2} = 20\sqrt{5} \ \Omega$

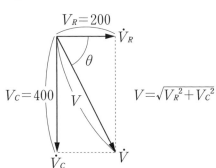

例題 3

図の RL 直列回路において次の問いに答えよ。

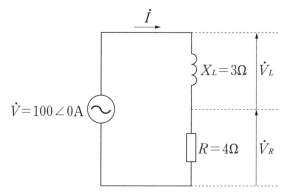

(1) インピーダンス Z を求めよ。
(2) 回路を流れる電流 $\dot{I}$ を求めよ。
(3) $\dot{V}_R$ を求めよ。
(4) $\dot{V}_L$ を求めよ。

解き方

(1) RL 直列回路のインピーダンスは $Z=\sqrt{R^2+X_L^2}$

(2) $\dot{I}=\dfrac{V}{Z}\angle -\theta$

θ は $\dot{V}$ に対して遅れ位相であり，$\theta=\tan^{-1}\dfrac{X_L}{R}$

(3) $\dot{V}_R=R\dot{I}=RI\angle -\theta$ （$\dot{I}$ と同相）

(4) $\dot{V}_L=X_L\dot{I}=X_LI\angle -\theta+\dfrac{\pi}{2}$ （$\dot{I}$ に対して $\dfrac{\pi}{2}$ 進む）

解答

(1) $Z=\sqrt{R^2+X_L^2}=\sqrt{4^2+3^2}=5\,\Omega$

(2) $I=\dfrac{V}{Z}=\dfrac{100}{5}=20\,\text{A}$

$\theta=\tan^{-1}\dfrac{X_L}{R}=\tan^{-1}\dfrac{3}{4}\fallingdotseq 36.9°$

∴ $\dot{I}=I\angle -\theta=20\angle -36.9°\,[\text{A}]$

(3) $\dot{V}_R=R\dot{I}=4\times 20\angle -36.9°=80\angle -36.9°\,[\text{V}]$

(4) $\dot{V}_L=X_LI\angle -\theta+\dfrac{\pi}{2}=3\times 20\angle -36.9+90=60\angle 53.1°\,[\text{V}]$

練習問題 20

1 図の RC 直列回路において次の問いに答えよ。
(1) インピーダンス Z を求めよ。
(2) 回路を流れる電流 $\dot{I}$ を求めよ。
(3) $\dot{V}_R$ を求めよ。
(4) $\dot{V}_C$ を求めよ。

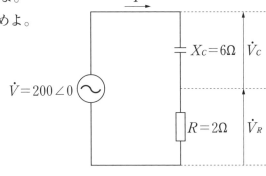

2 図の RL 直列回路について次の問いに答えよ。
(1) インピーダンス Z を求めよ。
(2) 回路を流れる電流 $\dot{I}$ を求めよ。
(3) $\dot{V}_R$ を求めよ。
(4) $\dot{V}_L$ を求めよ。

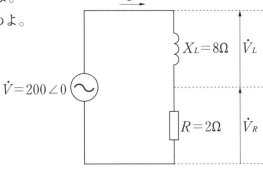

3 次の回路に 5 V，50 Hz の電圧を加えたときに流れる電流を実効値で答えよ。
(1) $R=5\,\Omega$, $C=400\,\mu\mathrm{F}$ の RC 直列回路
(2) $R=5\,\Omega$, $L=10\,\mathrm{mH}$ の RL 直列回路

Q&A 4 共振回路の利用

並列共振や直列共振について学習しましたが、これらの共振回路はどのように利用できるのでしょうか？

2種類の共振回路の特徴をまとめてみましょう。

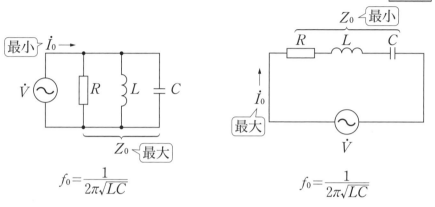

図　RLC 並列共振回路図　　　　図　RLC 直列共振回路

RLC 並列回路は、共振時に合成インピーダンス Z_0 が最大になり、電流 $\dot{I}_0$ は最小になります。一方、RLC 直列回路は、共振時に合成インピーダンス Z_0 が最小になり、電流 $\dot{I}_0$ は最大になります。これらの特徴を活かせば、次の様な用途に利用することができます。

・並列共振

共振周波数 f_0 で合成インピーダンス Z_0 が最大になるため、周波数が f_0 の信号電流 $\dot{I}_0$ は RLC 並列回路を流れにくくなります。この結果、端子 A－B

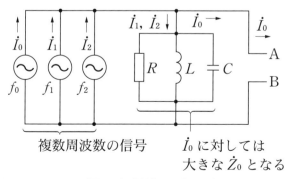

図　並列共振回路の利用

134

間に周波数が f_0 の信号電流 $\dot{I}_0$ を取り出すことができます。このように，並列共振は，特定の周波数の信号を取り出す回路として，フィルタ回路やラジオの同調回路などに利用されています。

- 直列共振

共振時は合成インピーダンス Z_0 が最小になるため，共振周波数 f_0 の時 RLC 直列回路を流れる電流 $\dot{I}_0$ が最大になります。例えば，インダクタンスの値がわからないコイル L_x があった場合，RLC 直列回路に流れる電流 $\dot{I}_0$ が最大になるように電源の周波数を変化させます。つまり，回路を共振させます。すると，共振周波数 f_0 を表す式から，L_x の値を算出することができます。静電容量の値がわからないコンデンサ C_x があった場合も同様して，その値を知ることができます。このように，直列共振は，コイルやコンデンサの値を測定する Q メータと呼ばれる測定機器などに利用されています。

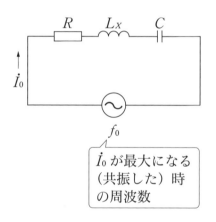

共振周波数 $f_0 = \dfrac{1}{2\pi\sqrt{L_x C}}$

$2\pi f_0 = \dfrac{1}{\sqrt{L_x C}}$

$4\pi f_0^2 = \dfrac{1}{L_x C}$

$\dfrac{1}{L_x} = 4\pi C f_0^2$

$L_x = \dfrac{1}{4\pi C f_0^2}$

$\dot{I}_0$ が最大になる（共振した）時の周波数

C と f_0 がわかれば，L_x を計算できる

図　直列共振回路の利用

4章 交流回路の計算

4.3 RLC直列回路

キーワード

$\dot{I}$を基準　$\dot{V}_L$は$\frac{\pi}{2}$進む　$\dot{V}_C$は$\frac{\pi}{2}$遅れる　誘導性　容量性
$Z=\sqrt{R^2+(X_L-X_C)^2}$　インピーダンス角　直列共振　共振周波数
$f_0=\dfrac{1}{2\pi\sqrt{LC}}$　RLC直列回路

ポイント

(1) RLC直列回路における電流と電圧の関係

RLC直列回路では，電流$\dot{I}$が各要素に共通に流れるため，$\dot{I}$を基準として考えます。図4-6において$\dot{I}=I\angle 0$のとき，

$$\dot{V}_R=R\dot{I}=RI\angle 0 \quad\cdots\cdots\text{式 4.21}$$

$$\dot{V}_L=X_L\dot{I}=X_LI\angle \frac{\pi}{2} \quad\cdots\cdots\text{式 4.22}\left(\dot{I}\text{に対して}\frac{\pi}{2}\text{進む}\right)$$

$$\dot{V}_C=X_C\dot{I}=X_CI\angle -\frac{\pi}{2} \quad\cdots\cdots\text{式 4.23}\left(\dot{I}\text{に対して}\frac{\pi}{2}\text{遅れる}\right)$$

(2) RLC直列回路に加わる電圧

回路全体に加わる電圧は，ベクトル図より

$$\dot{V}=\dot{V}_R+\dot{V}_L+\dot{V}_C \quad\cdots\cdots\text{式 4.24}$$

その大きさVは

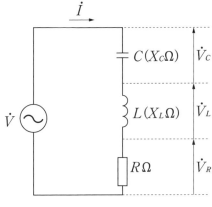

図4-6　RLC直列回路

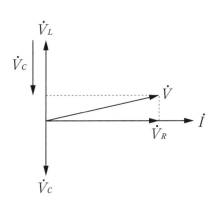

図4-7　ベクトル図

4.3 RLC直列回路

$$V=\sqrt{V_R{}^2+(V_L-V_C)^2}=\sqrt{(RI)^2+(X_LI-X_CI)^2}$$
$$=\sqrt{R^2+(X_L-X_C)^2}\,I \quad \text{式 4.25}$$

(3) インピーダンス

RLC 直列回路において，電流を妨げる作用をインピーダンスといいます。インピーダンス Z は RLC 直列回路の合成抵抗に相当します。

$$Z=\sqrt{R^2+(X_L-X_C)^2}\ [\Omega] \quad \text{式 4.26}$$

(4) インピーダンス角

RLC 直列回路において電圧 $\dot{V}$ と電流 $\dot{I}$ の位相差をインピーダンス角（impedance angle）といいます。

$$\theta=\tan^{-1}\frac{|V_L-V_C|}{V_R}=\tan^{-1}\frac{|X_L-X_C|}{R} \quad \text{式 4.27}$$

〔$X_L>X_C$ のとき〕　$\dot{V}$ に対して $\dot{I}$ は遅れます。
　　　　　　　　　C の作用が打ち消され RL 直列回路と等価となります。誘導性であるといいます。

〔$X_L<X_C$ のとき〕　$\dot{V}$ に対して $\dot{I}$ は進みます。
　　　　　　　　　L の作用が打ち消されて RC 直列回路と等価となります。容量性であるといいます。

〔$X_L=X_C$ のとき〕　L, C ともに作用が打ち消され R のみの回路と等価となります。直列共振（series resonance）であるといいます。

(5) 直列共振

RLC 直列回路において，$X_L=X_C$ の場合を直列共振といいます。このとき，

$$\omega L=\frac{1}{\omega C} \quad \text{式 4.28}$$

$$\omega=\frac{1}{\sqrt{LC}}\ [\text{Hz}] \quad \text{式 4.29}$$

$$f_0=\frac{1}{2\pi\sqrt{LC}}\ [\text{Hz}] \quad \text{式 4.30}$$

f_0 を共振周波数（resonance frequency）といいます。

例題 1

図の RLC 直列回路について次の問いに答えよ。
(1) $\dot{V}_R$ を求めよ。
(2) $\dot{V}_C$ を求めよ。
(3) $\dot{V}_L$ を求めよ。
(4) インピーダンス Z を求めよ。
(5) インピーダンス角 θ を求めよ。
(6) $\dot{V}$ を求めよ。

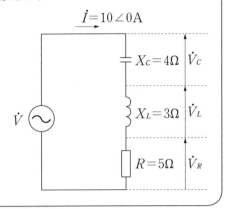

解き方

(1) $\dot{V}_R = R\dot{I}$

(2) $\dot{V}_C = X_C \dot{I} = X_C I \angle -\dfrac{\pi}{2}$ $\left(\dot{I}\text{に対して}\dot{V}_C\text{は}\dfrac{\pi}{2}\text{遅れる}\right)$

(3) $\dot{V}_L = X_L \dot{I} = X_L I \angle \dfrac{\pi}{2}$ $\left(\dot{I}\text{に対して}\dot{V}_L\text{は}\dfrac{\pi}{2}\text{進む}\right)$

(4) インピーダンス $Z = \sqrt{R^2 + (X_L - X_C)^2}$

(5) インピーダンス角 $\theta = \tan^{-1}\dfrac{|X_L - X_C|}{R}$

X_L と X_C の大きさを調べ，誘導性（電圧位相が進む）であるか，容量性（電圧位相が遅れる）であるかを判断します。

(6) $\dot{I}$ の大きさ I，インピーダンス Z，インピーダンス角 θ を用いて，$\dot{V} = V\angle\theta = ZI\angle\theta$

ベクトル図を用いて V と θ を求めることもできます。

解答

(1) $\dot{V}_R = RI\angle 0 = 5 \times 10 \angle 0 = 50\angle 0$ V

(2) $\dot{V}_C = X_C I \angle -\dfrac{\pi}{2} = 4 \times 10 \angle -\dfrac{\pi}{2} = 40\angle -\dfrac{\pi}{2}$ [V]

(3) $\dot{V}_L = X_L I \angle \dfrac{\pi}{2} = 3 \times 10 \angle \dfrac{\pi}{2} = 30\angle \dfrac{\pi}{2}$ [V]

(4) $Z = \sqrt{R^2 + (X_L - X_C)^2} = \sqrt{5^2 + (3-4)^2} = \sqrt{26}$ Ω

(5) $\theta = \tan^{-1}\dfrac{|X_L - X_C|}{R} = \tan^{-1}\dfrac{|3-4|}{5} = \tan^{-1}\dfrac{1}{5} ≒ 11.3°$

$X_L < X_C$ なので容量性であり，$\dot{I}$ に対して $\dot{V}$ の位相は遅れます。

(6) $\dot{V} = ZI \angle -\theta = \sqrt{26} \times 10 \angle -11.3° = 10\sqrt{26} \angle -11.3°$ V（遅れ位相なので $-\theta$ となります）

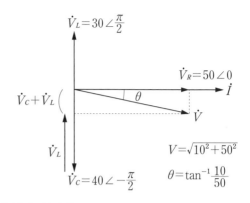

例題 2

図の RLC 直列回路において次の問いに答えよ。ただし，回路は直列共振状態とする。

(1) 共振周波数 f_0 を求めよ。
(2) 容量リアクタンス X_C を求めよ。
(3) 誘導リアクタンス X_L を求めよ。
(4) 回路のインピーダンス Z を求めよ。
(5) 共振時の電流 i_0 を求めよ。

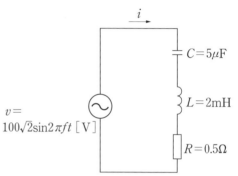

解き方

(1) 共振周波数 $f_0 = \dfrac{1}{2\pi\sqrt{LC}}$ に L と C の値を代入します。

(2) $X_C = \dfrac{1}{\omega C} = \dfrac{1}{2\pi f_0 C}$ に f_0 と C の値を代入します。

(3) $X_L = \omega L = 2\pi f_0 L$ に f_0 と L の値を代入します。

(4) $Z = \sqrt{R^2 + (X_L - X_C)^2}$ に R，X_L，X_C の値を代入します。

(5) $i = \dfrac{v}{Z}$

共振時は v と i は同相となります（位相差 = 0）。

解答

(1) 共振周波数 $f_0 = \dfrac{1}{2\pi\sqrt{LC}} = \dfrac{1}{2\pi\sqrt{2 \times 10^{-3} \times 5 \times 10^{-6}}}$

$= \dfrac{1}{2\pi\sqrt{10 \times 10^{-9}}} = \dfrac{1}{2\pi \times 10^{-4}} = \dfrac{5000}{\pi}$ [Hz]

(2) $X_C = \dfrac{1}{\omega C} = \dfrac{1}{2\pi f_0 C} = \dfrac{1}{2\pi \times \dfrac{5000}{\pi} \times 5 \times 10^{-6}}$

$= \dfrac{1}{10000 \times 5 \times 10^{-6}} = 20\,\Omega$

(3) $X_L = \omega L = 2\pi f_0 L = 2\pi \times \dfrac{5000}{\pi} \times 2 \times 10^{-3} = 20\,\Omega$

＊RLC 直列回路において共振時は $X_L = X_C$ となります。

(4) $Z = \sqrt{R^2 + (X_L - X_C)^2} = \sqrt{0.5^2 + (20-20)^2} = 0.5\,\Omega$

＊RLC 直列回路の共振時のインピーダンス Z は抵抗成分 R のみとなります。

(5) 共振時の電圧は，

$$v_0 = 100\sqrt{2}\sin 2\pi f_0 t = 100\sqrt{2}\sin 2\pi \times \dfrac{5000}{\pi} t = 100\sqrt{2}\sin 10000t\;[\text{V}]$$

よって共振時に流れる電流 i_0 は

$$i_0 = \dfrac{v_0}{Z} = \dfrac{100\sqrt{2}}{0.5}\sin 10000t = 200\sqrt{2}\sin 10000t\;[\text{A}]$$

＊共振時のインピーダンス角 θ_0 を求めると

$\theta_0 = \tan^{-1}\dfrac{|X_L - X_C|}{R} = \tan^{-1}\dfrac{|20-20|}{0.5} = \tan^{-1} 0 = 0°$ となり，電圧と電流の位相が同じことが分かります。

$\dot{V}_L = \dfrac{V}{X_L} \angle \dfrac{\pi}{2} = 5 \angle \dfrac{\pi}{2}\;[\text{V}]$

$\dot{I} = \dfrac{V}{Z} \angle 0 = \dfrac{100}{0.5} \angle 0 = 200 \angle 0\;\text{A}$

$\dot{V} = 100 \angle 0\;\text{V}$
$\dot{V}_R = 100 \angle 0\;\text{V}$

$\dot{V}_C = \dfrac{V}{X_C} \angle -\dfrac{\pi}{2} = 5 \angle -\dfrac{\pi}{2}\;[\text{V}]$

$v = 100\sqrt{2}\sin 2\pi ft\;[\text{V}]$
$\Downarrow$
$\dot{V} = V \angle 0 = 100 \angle 0\;\text{V}$

直列共振時のベクトル図
(位相に注目したもので，ベクトル線の長さは正確ではない)

練習問題 21

1 図の RLC 直列回路の R に加わる電圧 $\dot{V}_R$, C に加わる電圧 $\dot{V}_C$, L に加わる電圧 $\dot{V}_L$ をそれぞれ求めよ。

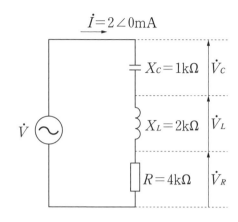

2 $R = 1\,\text{k}\Omega$, $X_L = 4\,\text{k}\Omega$, $X_C = 4\,\text{k}\Omega$ の RLC 直列回路のインピーダンス Z およびインピーダンス角 θ を求めよ。

3 図の RLC 直列回路のインピーダンス Z およびインピーダンス角 θ を求めよ。また,回路を流れる電流 i を瞬時値で示せ。

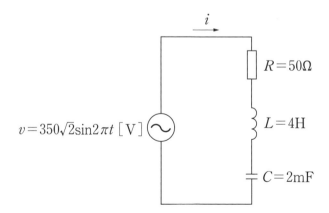

4章 交流回路の計算
4.4 交流電力

キーワード

有効電力　$P=VI\cos\theta$ [W]　　力率　$\cos\theta=\dfrac{R}{Z}$　　皮相電力　$P_s=VI$ [VA]

無効電力　$P_Q=VI\sin\theta$ [Var]　　$(VI)^2=(VI\cos\theta)^2+(VI\cos\theta)^2$

力率改善用コンデンサ

ポイント

(1) 交流電力の瞬時値

交流では，電圧 v と電流 i は時間とともにその大きさと方向が変化します。従って交流電力も時間とともにその大きさと方向が変化します。

(2) 有効電力

交流の瞬時電力 p の1周期の仕事量の平均を有効電力 P（active power）といいます（単に交流電力ともいいます）。

$$P=VI\cos\theta \text{ [W]} \quad \text{式 4.31}$$

（V：電圧の実効値，I：電流の実効値，$\cos\theta$：力率）

(3) 力率

交流電圧 $\dot{V}$ と交流電流 $\dot{I}$ の位相差を力率 $\cos\theta$（power factor）といいます。RL 直列回路の場合の力率は次式で示されます。

$$\cos\theta=\dfrac{R}{Z}=\dfrac{R}{\sqrt{R^2+X_L^2}} \quad \text{式 4.32}$$

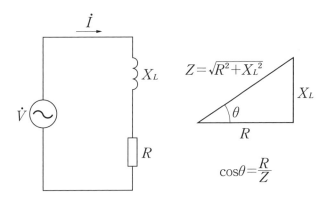

図 4-8　RL 直列回路の力率

(4) 皮相電流

電圧の実効値 V と電流の実効値の積 VI を皮相電力（apparent power）といいます。皮相電力は記号 P_S，単位 VA（ボルトアンペア）で示されます。

$$P_S = VI \ [\text{VA}] \quad \text{……………………………………………………………… 式 4.33}$$

(5) 無効電力

電圧の実効値 V と電流の実効値 I の積に $\sin\theta$ を掛けたものを無効電力（reactive power）といいます。無効電力は記号 P_Q，単位 Var（バール）で示されます。

$$P_Q = VI\sin\theta \ [\text{Var}] \quad \text{……………………………………………………… 式 4.34}$$

(6) 各交流電力の関係

有効電力 P，皮相電力 P_S，無効電力 P_Q との間には，次の関係が成り立ちます。

$$(VI)^2 = (VI\cos\theta)^2 + (VI\sin\theta)^2 \quad \text{…………………………………… 式4.35}$$

（皮相電力² ＝ 有効電力² ＋ 無効電力²）

証明： $1 = \sin^2\theta + \cos^2\theta$ より，

$$VI^2 = VI^2 \times (\cos^2\theta + \sin^2\theta) = VI^2\cos^2\theta + VI^2\sin^2\theta$$
$$= (VI\cos\theta)^2 + (VI\sin\theta)^2$$

(7) 力率改善用コンデンサ

有効電力の式 $P = VI\cos\theta$ は，電圧が一定の場合，消費電力 P に使われる電流は，力率 $\cos\theta$ の値が大きいほど少なくて済むことを示しています。力率 $\cos\theta$ を大きくするためには，電圧 $\dot{V}$ に対する電流 $\dot{I}$ の位相の遅れ θ を減らす必要があります。そのために，誘導負荷に並列にコンデンサ C を挿入します。このコンデンサは力率改善用コンデンサまたは進相用コンデンサと呼ばれます。コンデンサ C の大きさは，負荷に流れる電流 $\dot{I}_L$ の $\angle\dfrac{\pi}{2}$ 遅れ成分（$I_L\sin\theta$）と同じ大きさの電流がコンデンサに流れるように決定します。

$$C = \dfrac{I_L\sin\theta}{2\pi fV} \ [\text{F}] \quad \text{…………………………………………………………… 式 4.36}$$

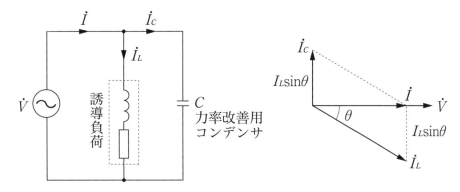

図 4-9　力率改善用コンデンサ

例題 1

ある回路に $v=100\sqrt{2}\sin\omega t\,[\mathrm{V}]$ の電圧を加えた時, $i=40\sqrt{2}\sin\left(\omega t-\dfrac{\pi}{3}\right)[\mathrm{A}]$ の電流が流れた。

(1) 皮相電力 P_s を求めよ。
(2) 有効電力 P を求めよ。
(3) 無効電力 P_Q を求めよ。

解き方

まず,各電力の計算に必要となる,電圧の実効値 $V\,[\mathrm{V}]$ と電流の実効値 $I\,[\mathrm{A}]$ を求めます。有効電力 P と無効電力 P_Q の計算には,電圧 $\dot{V}$ と電流 $\dot{I}$ の位相差 $\theta=\dfrac{\pi}{3}=60°$ を使用します。

解答

$$V=\frac{V_m}{\sqrt{2}}=\frac{100\sqrt{2}}{\sqrt{2}}=100\,\mathrm{V},\quad I=\frac{I_m}{\sqrt{2}}=\frac{40\sqrt{2}}{\sqrt{2}}=40\,\mathrm{A},\quad \theta=\frac{\pi}{3}=60°$$

これらの値を各電力を求める式に代入します。

(1) 皮相電力 $P_s=VI=100\times40=4000\,\mathrm{VA}$
(2) 有効電力 $P=VI\cos\theta=100\times40\times\cos60°=2\,\mathrm{kW}$
(3) 無効電力 $P_Q=VI\sin\theta=100\times40\times\sin60°\fallingdotseq3464\,\mathrm{Var}$

例題 2

図の回路について次の問いに答えよ。

(1) 誘導リアクタンス X_L を求めよ。
(2) 容量リアクタンス X_C を求めよ。
(3) インピーダンス Z を求めよ。
(4) インピーダンス角 θ を求めよ。
(5) 電圧の実効値 V を求めよ。
(6) 電流の実効値 I を求めよ。
(7) 回路を流れる電流 i を瞬時値で示せ。
(8) 皮相電力 P_s を求めよ。
(9) 有効電力 P を求めよ。
(10) 無効電力 P_Q を求めよ。

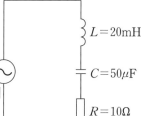

4.4 交流電力

解き方

(1) $v=100\sqrt{2}\sin 100\pi t$ より角速度 $\omega=100\pi$ [rad/s]，誘導リアクタンス $X_L=\omega L$ [Ω]

(2) 容量リアクタンス $X_C=\dfrac{1}{\omega C}$ [Ω]

(3) インピーダンス $Z=\sqrt{R^2+(X_L-X_C)^2}$ [Ω]

(4) インピーダンス角 $\theta=\tan^{-1}\dfrac{|X_L-X_C|}{R}$

(5) 電圧の実効値 $V=\dfrac{V_m}{\sqrt{2}}$ [V]

(6) 電流の実効値 $I=\dfrac{V}{Z}$ [A]

(7) $i=\sqrt{2}I\sin(\omega t+\theta)$ （I の位相が V より進んでいるとき）
$i=\sqrt{2}I\sin(\omega t-\theta)$ （I の位相が V より遅れているとき）

(8) 皮相電力 $P_S=VI$ [VA]

(9) 有効電力 $P=VI\cos\theta$ [W]

(10) 無効電力 $P_Q=VI\sin\theta$ [Var]

解答

(1) $\omega=100\pi$ [rad/s] なので $X_L=\omega L=100\pi\times 20\times 10^{-3}=2\pi$ [Ω]

(2) $X_C=\dfrac{1}{\omega C}=\dfrac{1}{100\pi\times 50\times 10^{-6}}=\dfrac{200}{\pi}$ [Ω]

(3) $Z=\sqrt{R^2+(X_L-X_C)^2}=\sqrt{10^2+\left(2\pi-\dfrac{200}{\pi}\right)^2}\fallingdotseq 58.2\,\Omega$

(4) $\theta=\tan^{-1}\dfrac{|X_L-X_C|}{R}=\tan^{-1}\dfrac{\left|2\pi-\dfrac{200}{\pi}\right|}{10}\fallingdotseq 80.1°$

$X_L<X_C$ なので容量性となり電圧 v に対して電流 i は 80.1° 位相は進みます。

(5) $V=\dfrac{V_m}{\sqrt{2}}=\dfrac{100\sqrt{2}}{\sqrt{2}}=100\,\text{V}$

(6) $I=\dfrac{V}{Z}=\dfrac{100}{58.2}\fallingdotseq 1.72\,\text{A}$

(7) i の位相が v より進んでいるので，
$i=\sqrt{2}I\sin(\omega t+\theta)=1.72\sqrt{2}\sin(100\pi t+80.1°)$ [A]

(8) $P_S=VI=100\times 1.72=172\,\text{VA}$

(9) $P = VI\cos\theta = 172\cos 80.1° \fallingdotseq 29.6$ W
(10) $P_Q = VI\sin\theta = 172\sin 80.1° \fallingdotseq 169$ Var

---

例題 3

図(a)の回路を流れる電流 $\dot{I}_L$ をベクトル図(b)で示す。回路の力率を改善するために①と②の間に力率改善用コンデンサ C を入れる場合,C の大きさは,式 $C = \dfrac{I_L \sin\theta}{2\pi f V}$ [F] で求めることができる。この式の導出に関する説明中の空欄①〜④を埋めよ。

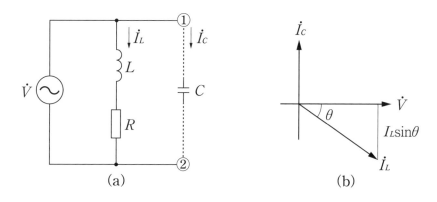

(a)　　　　　　　(b)

ベクトル図における $\dot{I}_L$ の位相遅れ θ をコンデンサ C によって進め,回路を流れる電流 $\dot{I}$ を電圧 $\dot{V}$ と同相にする。コンデンサ C を流れる電流 $\dot{I}_C$ は,電圧 $\dot{V}$ に対して位相が ① °進む。コンデンサの容量リアクタンスは,$X_C = \dfrac{1}{\omega C} = $ ② Ω となる。したがって,コンデンサを流れる電流 $\dot{I}_C$ の大きさは,$I_C = \dfrac{V}{X_C} = \dfrac{V}{②}$ となる。式を整理して,$I_C = $ ③ が求まる。I_C を $\dot{I}_L$ の誘導性成分 $I_L \sin\theta$ と等しくすることで,遅れ位相が打ち消されて力率が改善される。このことより以下に力率改善の条件式が示される。

$$I_C = 2\pi f C V = \boxed{④}$$

式を C について変形し,$C = \dfrac{I_L \sin\theta}{2\pi f V}$ が求まる。

解答

① 90　② $\dfrac{1}{2\pi f C}$　③ $2\pi f C V$　④ $I_L \sin\theta$

練習問題 22

1 図の回路に対して力率と電力を求めよ。

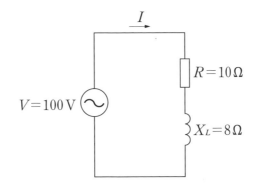

2 図の回路に対して次の値を求めよ。

(1) インピーダンス Z
(2) 力率 $\cos\theta$
(3) 電圧 $\dot{V}$ と電流 $\dot{I}$ との位相差 θ
(4) 電流の大きさ I
(5) 皮相電力 P_S
(6) 無効電力 P_Q
(7) 電力 P

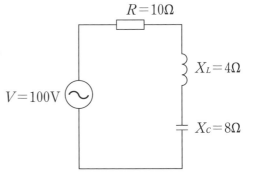

3 ある回路に $V=100\,\mathrm{V}$ の電圧を加えたとき,$I=20\,\mathrm{A}$ の電流が流れ,電力は $P=1\,\mathrm{kW}$ であった。このときの次の値を求めよ。

(1) 皮相電力
(2) 力率
(3) 無効電力

5章

記号法による交流回路の計算法

　記号法は，交流回路における電圧，電流，抵抗成分を大きさと位相角によるベクトル式で表す方法です。交流回路をベクトル計算で扱うことによって，直流回路で習得した各解法を適用することができます。

　本章では，交流回路要素の表現法として，複素数とベクトルを用いた記号法を取り上げます。RLC 並列回路，RLC 直列回路，交流ブリッジ回路を解くとともにキルヒホッフの法則，重ね合わせの理の適用法を学習しましょう。

5.1 複素数とベクトル

5章 記号法による交流回路の計算法

キーワード

複素数　極座標　実数部　虚数部　$j^2=-1$　共役複素数　ベクトル

ポイント

(1) 複素数

2乗して-1となる数を記号j（数学ではi）で表し，このjを虚数単位といいます。

虚数単位は次の性質を持ちます。

$$j=\sqrt{-1} \quad \cdots\cdots 式5.1$$

$$j^2=-1 \quad \cdots\cdots 式5.2$$

複素数（complex number）は虚数単位jと二つの実数a, bを用いて以下のように示されます。

$$a+jb \quad \cdots\cdots 式5.3$$

aを実数部（real part），bを虚数部（imaginary part）といいます。

二つの複素数 (a_1+jb_1), (a_2+jb_2) に対する加減乗除を示します。

①加算

$$(a_1+jb_1)+(a_2+jb_2)=(a_1+a_2)+j(b_1+b_2) \quad \cdots\cdots 式5.4$$

②減算

$$(a_1+jb_1)-(a_2+jb_2)=(a_1-a_2)+j(b_1-b_2) \quad \cdots\cdots 式5.5$$

③乗算

$$(a_1+jb_1)\times(a_2+jb_2)=(a_1a_2-b_1b_2)+j(a_1b_2+a_2b_1) \quad \cdots\cdots 式5.6$$

④除算

$$\frac{a_1+jb_1}{a_2+jb_2}=\frac{a_1a_2+b_1b_2}{a_2^2+b_2^2}+j\frac{a_2b_1-a_1b_2}{a_2^2+b_2^2} \quad \cdots\cdots 式5.7$$

ただし，$(a_2+jb_2\fallingdotseq0)$

(2) 共役複素数

$a+jb$ に対する $a-jb$，$a-jb$ に対する $a+jb$ を共役複素数（conjugate complex number）といいます。

共役複素数の積は以下のようになります。

$$(a+jb)\times(a-jb)=a^2-j^2b^2=a^2+b^2 \quad \cdots\cdots 式5.8$$

(3) ベクトルの複素数表現

ベクトルの複素数表現では，ベクトルを X 軸成分と Y 軸成分で $x+jy$ の形で示します。

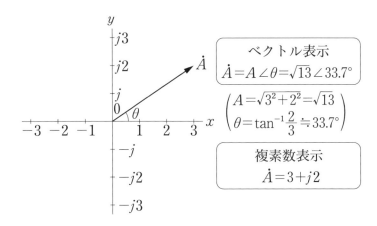

図 5-1　複素数表現（例 1 ）

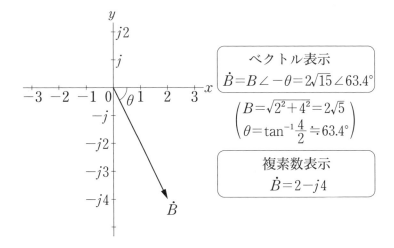

図 5-2　複素数表現（例 2 ）

(4) 極座標表示と複素数表示の変換

①極座標表示から複素数表示へ

$$\dot{A} = A\angle\theta = x + jy = A\cos\theta + jA\sin\theta \quad \text{………………………………… 式 5.9}$$

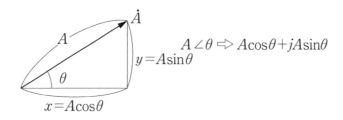

図 5-3　極座標表示から複素数表示へ

②複素数表示から極座標表示へ

$$x + jy = A\angle\theta = \sqrt{x^2 + y^2} \angle \tan^{-1}\frac{y}{x} \quad \text{………………………………… 式 5.10}$$

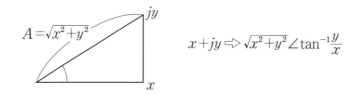

図 5-4　複素数表示から極座標表示へ

例題 1

図のベクトル $\dot{A}, \dot{B}, \dot{C}, \dot{D}$ を複素数で示せ。

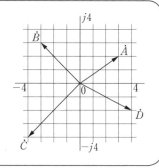

解き方

実数部 x と虚数部 y を読み取り $x+jy$ で表現します。

解答

$\dot{A} = 3 + j2$

$\dot{B} = -3 + j3$

$\dot{C} = -4 - j4$

$\dot{D} = 4 - j2$

例題 2

ベクトル $\dot{A} = -4 + j2$, $\dot{B} = 2 - j4$ を用いて次の計算をしなさい。

(1) $\dot{A} + \dot{B}$　(2) $|\dot{A} + \dot{B}|$　(3) $\dot{A} - \dot{B}$　(4) $|\dot{A} - \dot{B}|$

(5) $\dot{A} \times \dot{B}$　(6) $|\dot{A} \times \dot{B}|$　(7) $\dot{A} \div \dot{B}$　(8) $|\dot{A} \div \dot{B}|$

解き方

式 5.4～式 5.7 に当てはめて計算を行います。また, ベクトルの大きさ (絶対値) は $\sqrt{実数部^2 + 虚数部^2}$ で求まります。

解答

(1) $\dot{A} + \dot{B} = (-4 + j2) + (2 - j4) = -2 - j2$

(2) $|\dot{A} + \dot{B}| = \sqrt{(-2)^2 + (-2)^2} = 2\sqrt{2}$

(3) $\dot{A} - \dot{B} = (-4 + j2) - (2 - j4) = -6 + j6$

(4) $|\dot{A} - \dot{B}| = \sqrt{(-6)^2 + (6)^2} = 6\sqrt{2}$

(5) $\dot{A} \times \dot{B} = (-4 + j2) \times (2 - j4)$

$= (-4 \times 2) - \{2 \times (-4)\} + j\{(-4) \times (-4) + 2 \times 2\} = j20$

(6) $|\dot{A} \times \dot{B}| = \sqrt{(20)^2} = 20$

(7) $\dot{A} \div \dot{B} = \dfrac{(-4 + j2)}{(2 - j4)} = \dfrac{(-4 + j2)(2 + j4)}{(2 - j4)(2 + j4)} = \dfrac{-8 - 8 + j4 - j16}{4 + 16} = \dfrac{-16 - j12}{20}$

$$= -0.8 - j0.6$$
(8) $|\dot{A} \div \dot{B}| = \sqrt{(-0.8)^2 + (-0.6)^2} = 1$

例題 3

次に示す極座標表示のベクトルを複素数で表示せよ。

(1) $\dot{A} = 5 \angle 45°$

(2) $\dot{B} = 4 \angle \dfrac{\pi}{3}$

(3) $\dot{C} = 2 \angle -\dfrac{\pi}{2}$

解き方

極座標表示のベクトルを複素数で表示するためには，図のように考えて，実数部と虚数部の値を求めます。

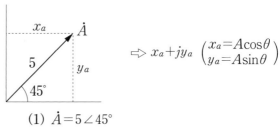

(1) $\dot{A} = 5 \angle 45°$

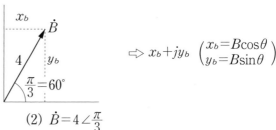

(2) $\dot{B} = 4 \angle \dfrac{\pi}{3}$

$$2 \Big\downarrow \begin{matrix} -\dfrac{\pi}{2} = -90° \\ y_c \end{matrix} \quad \Rightarrow jy_c \quad (y_c = C)$$

$\dot{C}$ (3) $\dot{C} = 2 \angle -\dfrac{\pi}{2}$

解答

(1) $x_a = A\cos\theta = 5\cos 45° \fallingdotseq 3.54 \quad y_a = A\sin\theta = 5\sin 45° \fallingdotseq 3.54$
  ∴ $\dot{A} = x_a + jy_a = 3.54 + j3.54$

(2) $x_b = B\cos\theta = 4\cos 60° = 2 \quad y_b = B\sin\theta = 4\sin 60° \fallingdotseq 3.46$
  ∴ $\dot{B} = 2 + j3.46$

(3) $x_c = 0 \quad y_c = C = 2 \quad$ ∴ $\dot{C} = -j2$

例題 4

次に示す複素数表示のベクトルを極座標で表示せよ。

(1) $\dot{D} = 2 + j2$
(2) $\dot{E} = -2 + j4$
(3) $\dot{F} = 5 - j8$

解き方

複素数のベクトルを極座標で表示するためには、図のように考えて、実数部と虚数部の値からベクトルの大きさと角度を求めます。

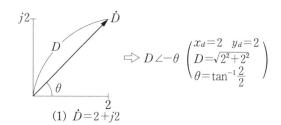

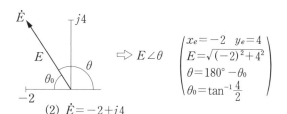

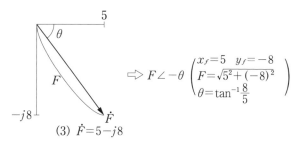

解答

(1) $D = \sqrt{2^2 + 2^2} \fallingdotseq 2.83 \quad \theta = \tan^{-1}\dfrac{2}{2} = 45°$

∴ $\dot{D} = 2.83 \angle 45°$

(2) $E = \sqrt{(-2)^2 + 4^2} \fallingdotseq 4.47 \quad \theta_0 = \tan^{-1}\dfrac{4}{2} \fallingdotseq 63.4$

$\theta = 180 - \theta_0 = 180 - 63.4 = 116.6°$

∴ $\dot{E} = 4.47 \angle 116.6°$

(3) $F = \sqrt{5^2 + (-8)^2} \fallingdotseq 9.43 \quad \theta = \tan^{-1}\dfrac{8}{5} \fallingdotseq 58.0°$

∴ $\dot{F} = 9.43 \angle -58.0°$

練習問題23

1 次の複素数表示のベクトルを図示せよ。

(1) $\dot{V}_1 = 2+j$
(2) $\dot{V}_2 = -2+j$
(3) $\dot{V}_3 = 3-j2$
(4) $\dot{V}_4 = 4+j2$
(5) $\dot{V}_5 = -3-j2$

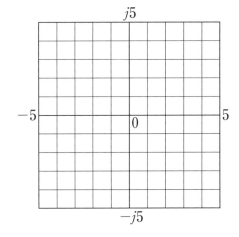

2 $\dot{A}=4+j$, $\dot{B}=-1+j2$ のとき，次の計算をせよ。

(1) $|\dot{A}|$
(2) $|\dot{B}|$
(3) $\dot{A}+\dot{B}$
(4) $|\dot{A}+\dot{B}|$
(5) $2\dot{A}-\dot{B}$
(6) $2\dot{A}\times\dot{B}$
(7) $\dot{A}\div 2\dot{B}$

3 次の表は，複素数表示と極座標表示の変換を示すものである。空欄(1)～(6)を埋めて完成せよ。

複素数表示	極座標表示
(1)	$100\angle 0°$
(2)	$40\angle \dfrac{\pi}{6}$
(3)	$100\sqrt{2}\angle -\dfrac{\pi}{4}$
50	(4)
$j100$	(5)
$100+j40$	(6)

Q&A 5 交流回路におけるキルヒホッフの法則

次の回路では，$V=V_L+V_R$ とはなりません．つまり，キルヒホッフの法則（第2法則）が成り立っていないのではないでしょうか？

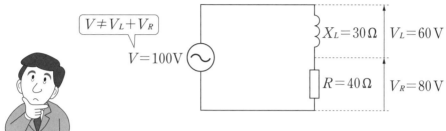

図 RL 直列回路

V, V_L, V_R は，電圧の大きさを表しています。これらは，位相について考慮していない値です。V, V_L, V_R の関係を，三角形を使って表すと下図のようになります。

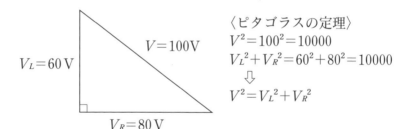

図 V, V_L, V_R の関係

この三角形については，ピタゴラスの定理（三平方の定理）も成り立っており，問題ありません。記号法を使って位相を含めた表示にすると，$\dot{V}$, $\dot{V_L}$, $\dot{V_R}$ は，次のようになります。

$\dot{Z}=R+jX_L=40+j30\ \Omega$

$\dot{V}=100\ \mathrm{V}$ とすると

$$\dot{I}=\frac{\dot{V}}{\dot{Z}}=\frac{100}{40+j30}=1.6-j1.2\ \mathrm{A}$$

$\dot{V_L}=j\dot{I}X_L=j(1.6-j1.2)\times 30=36+j48\ \mathrm{V}$

$\dot{V_R}=\dot{I}R=(1.6-j1.2)\times 40=64-j48\ \mathrm{V}$

$\dot{V}$, $\dot{V}_L$, $\dot{V}_R$ については，次のような関係が成り立っています。

$$\dot{V} = 100\text{V}$$
$$\dot{V}_L + \dot{V}_R = (36+j48) + (64-j48) = 100\text{V}$$
$$\Downarrow$$
$$\dot{V} = \dot{V}_L + \dot{V}_R$$

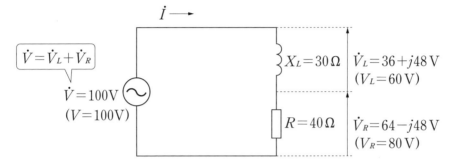

図　$\dot{V}$, $\dot{V}_L$, $\dot{V}_R$ の関係

つまり，キルヒホッフの法則（第2法則）が成り立ちます。このように，キルヒホッフの法則は，直流回路，交流回路の両方で成立します。ただし，この質問のように，交流回路の場合に大きさだけで考えると，キルヒホッフの法則が成り立っていないように誤解してしまうかもしれません。交流回路でキ

ルヒホッフの法則を使う場合は，記号法などで表した位相を含めた値を考える必要がありますので注意しましょう。

5.2 記号法を用いた解法

キーワード

記号法　ベクトル　複素数　R　L　C　誘導リアクタンス
容量リアクタンス　jX_L　$j\omega L$　$-jX_C$　$-j\dfrac{1}{\omega C}$

ポイント

(1) 記号法

ベクトルを複素数で表して交流回路の計算を行う方法を記号法（symbolic method）といいます。

(2) 抵抗 R のみの回路

抵抗 $R\,[\Omega]$ のみの回路において，電圧 $\dot{V}$ と電流 $\dot{I}$ の位相は同じになります。

$$\dot{I} = \dfrac{\dot{V}}{R} \quad \text{式 5.11}$$

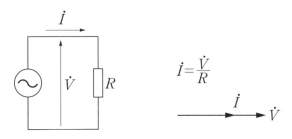

図 5-5　抵抗 R のみの回路

(3) コイル L のみの回路

コイル $L\,[\text{H}]$ のみの回路において，電圧 $\dot{V}$ に対して電流 $\dot{I}$ の位相は $\dfrac{\pi}{2}\,[\text{rad}]$ 遅れます。

$$\dot{I} = \dfrac{\dot{V}}{X_L} - \dfrac{\pi}{2} \quad \text{式 5.12}$$

記号法による表現で $\dfrac{\pi}{2}$ 遅れるときは，$-j$ を掛けます。

$$\dot{I} = -j\frac{\dot{V}}{X_L} = \frac{\dot{V}}{jX_L} = \frac{\dot{V}}{j\omega L} \quad \text{...} \text{式 5.13}$$

誘導リアクタンス $jX_L = j\omega L$ .... 式 5.14

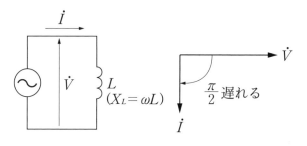

図 5-6　コイル L のみの回路

(4) コンデンサ C のみの回路

コンデンサ C [F] のみの回路において、電圧 $\dot{V}$ に対して電流 $\dot{I}$ の位相は $\frac{\pi}{2}$ [rad] 進みます。

$$\dot{I} = \frac{\dot{V}}{X_C} + \frac{\pi}{2} \quad \text{..} \text{式 5.15}$$

記号法による表現で $\frac{\pi}{2}$ 進むときは、j を掛けます。

$$\dot{I} = j\frac{\dot{V}}{X_C} = \frac{\dot{V}}{-jX_C} = \frac{\dot{V}}{\frac{-j}{\omega C}} \quad \text{...} \text{式 5.16}$$

容量リアクタンス $-jX_C = -\frac{j}{\omega C} = \frac{1}{j\omega C}$ .... 式 5.17

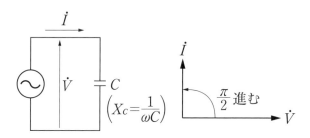

図 5-7　コンデンサ C のみの回路

例題 1

図の回路に $\dot{V}=50+j\,50\,\text{V}$ の電圧を加えた場合，次の問いに答えよ。

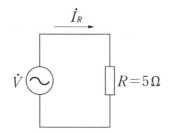

(1) 回路のインピーダンス $\dot{Z}$ は何 [Ω] か。
(2) 回路を流れる電流 $\dot{I}$ を求めよ。
(3) 電流 $\dot{I}$ の大きさ I を求めよ。
(4) 電圧 $\dot{V}$ と電流 $\dot{I}$ の位相関係をベクトル図に示せ。

解き方

(1) 抵抗 R のみの場合のインピーダンスは $\dot{Z}=R$ となります。

(2) $\dot{I}=\dfrac{\dot{V}}{\dot{Z}}$

(3) 電流 $\dot{I}=a+bj$ とすると，電流 $\dot{I}$ の大きさは実数部と虚数部の合成ベクトルの大きさとなり，$I=\sqrt{a^2+b^2}$ で求まります。

(4) グラフ上の Y 軸に虚数部，X 軸に実数部をとりベクトルを描きます。

解答

(1) $\dot{Z}=R=5\,\Omega$

(2) $\dot{I}=\dfrac{\dot{V}}{\dot{Z}}=\dfrac{\dot{V}}{R}=\dfrac{50+j50}{5}=10+j\,10\,\text{A}$

(3) $I=\sqrt{10^2+10^2}=10\sqrt{2}\fallingdotseq 14.1\,\text{A}$

(4)

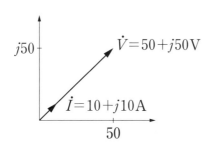

例題 2

図の回路に $\dot{V}=50+j50\,\text{V}$ の電圧を加えた場合，次の問いに答えよ。

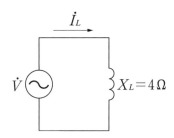

(1) 回路のインピーダンス $\dot{Z}$ は何 $[\Omega]$ か。
(2) 回路を流れる電流 $\dot{I}$ を求めよ。
(3) 電流 $\dot{I}$ の大きさ I を求めよ。
(4) 電圧 $\dot{V}$ と電流 $\dot{I}$ の位相関係をベクトル図に示せ。

解き方

(1) コイル L のみの場合のインピーダンスは $\dot{Z}=jX_L$ となります。

(2)〜(4) 例題1と同様です。

解答

(1) $\dot{Z}=jX_L=j4\,\Omega$

(2) $\dot{I}=\dfrac{\dot{V}}{\dot{Z}}=\dfrac{\dot{V}}{jX_L}=\dfrac{50+j50}{j4}=\dfrac{50}{j4}+\dfrac{j50}{j4}=-j12.5+12.5\,\text{A}$

  並び替えて $12.5-j12.5\,\text{A}$

(3) $I=\sqrt{12.5^2+(-12.5)^2}\fallingdotseq 17.7\,\text{A}$

(4)

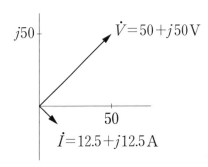

例題 3

図の回路に $\dot{V}=50+j50$ V の電圧を加えた場合，次の問いに答えよ。

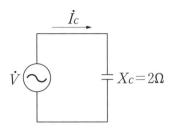

(1) 回路のインピーダンス $\dot{Z}$ は何 [Ω] か。
(2) 回路を流れる電流 $\dot{I}$ を求めよ。
(3) 電流 $\dot{I}$ の大きさ I を求めよ。
(4) 電圧 $\dot{V}$ と電流 $\dot{I}$ の位相関係をベクトル図に示せ。

解き方

(1) コンデンサ C のみの場合のインピーダンスは $\dot{Z}=-jX_C$ となります。

(2)〜(4) 例題 1 と同様です。

解答

(1) $\dot{Z}=-jX_C=-j2$ Ω

(2) $\dot{I}=\dfrac{\dot{V}}{\dot{Z}}=\dfrac{\dot{V}}{-jX_C}=\dfrac{50+j50}{-j2}=\dfrac{50}{-j2}+\dfrac{j50}{-j2}=j25-25$ A

並び替えて $-25+j25$ A

(3) $I=\sqrt{(-25)^2+25^2}\fallingdotseq 35.4$ A

(4)
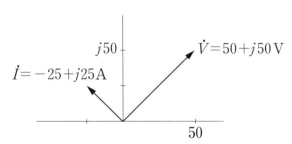

練習問題 24

1 図の (a)〜(c) の回路のそれぞれに $\dot{I}=10+j10$ A の電流を流した場合を考え，次の問いに答えよ。

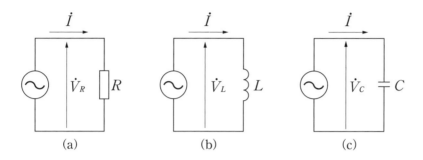

(1) 電流 $\dot{I}$ を基準とし，R, L, C の各素子に加わる電圧 $\dot{V}_R$, $\dot{V}_L$, $\dot{V}_C$ の位相差を求めよ。

(2) $R=4\,\Omega$, $X_L=2\,\Omega$, $X_C=1\,\Omega$ のとき，$\dot{V}_R$, $\dot{V}_L$, $\dot{V}_C$ それぞれを求めよ。

2 図の (a)〜(c) の回路において，$\dot{V}=100$ V，周波数 $f=50$ Hz の交流電圧を加えた時，次の問いに答えよ。

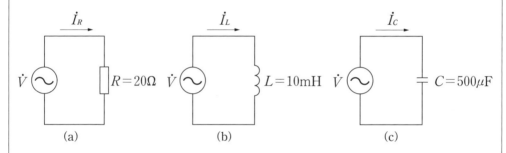

(1) R, L, C のインピーダンス $\dot{Z}_R$, $\dot{Z}_L$, $\dot{Z}_C$ を求めよ。

(2) $\dot{I}_R$, $\dot{I}_L$, $\dot{I}_C$ を求めよ。

5.3 RLC 直列回路，RLC 並列回路

キーワード

記号法　RLC 直列回路　RLC 並列回路　ベクトルインピーダンス
合成インピーダンス　電流と電圧の位相差　$\dot{V}=\dot{Z}\dot{I}$

ポイント

(1) **RLC 直列回路**

RLC 直列回路では，各要素に共通に電流が流れるため，電流 $\dot{I}$ を基準に考えて回路を解きます。

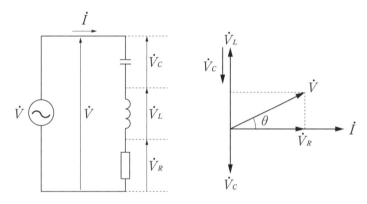

図 5-8　**RLC 直列回路**

$$\dot{V}_R = R\dot{I} \qquad \text{式 5.18}$$

$$\dot{V}_L = jX_L\dot{I} = j\omega L\dot{I} \qquad \text{式 5.19}$$

$$\dot{V}_C = -jX_C\dot{I} = -j\frac{1}{\omega C}\dot{I} \qquad \text{式 5.20}$$

$$\dot{V} = \dot{V}_R + \dot{V}_L + \dot{V}_C = R\dot{I} + j\omega L\dot{I} - \frac{j}{\omega C}\dot{I} = \left\{R + j\left(\omega L - \frac{1}{\omega C}\right)\right\}\dot{I} \qquad \text{式 5.21}$$

(2) **ベクトルインピーダンス**

$\dot{Z} = R + j\left(\omega L - \frac{1}{\omega C}\right)$ とすると，

$$\dot{V} = \dot{Z}\dot{I} \qquad \text{式 5.22}$$

$\dot{Z}$ をベクトルインピーダンス（vector impedance）と呼びます。

$\dot{Z}$ の大きさは $Z = \sqrt{R^2 + \left(\omega L - \frac{1}{\omega C}\right)^2}$　式 5.23

(3) $\dot{V}$ の位相差

$\dot{I}$ に対する $\dot{V}$ の位相差は，

$$\theta = \tan^{-1}\frac{X_L - X_C}{R} = \frac{\omega L - \dfrac{1}{\omega C}}{R} \quad \text{式 5.24}$$

(4) RLC 並列回路

RLC 並列回路は各要素に電圧 $\dot{V}$ が共通に加わります。そこで電圧 $\dot{V}$ を基準として回路を解きます。

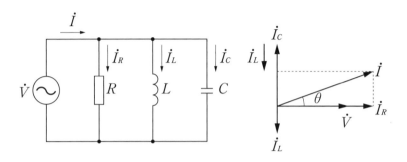

図 5-9　RLC 並列回路

抵抗 R，誘導リアクタンス jX_L，容量リアクタンス $-jX_C$ を用い，各要素に流れる電流値は次式で示されます。

$$\dot{I}_R = \frac{\dot{V}}{R} \quad \text{式 5.25}$$

$$\dot{I}_L = \frac{\dot{V}}{jX_L} = -j\frac{1}{\omega L}\dot{V} \quad \text{式 5.26}$$

$$\dot{I}_C = \frac{\dot{V}}{-jX_C} = j\omega C\dot{V} \quad \text{式 5.27}$$

$$\dot{I} = \dot{I}_R + \dot{I}_L + \dot{I}_C = \frac{\dot{V}}{R} - j\frac{1}{\omega L}\dot{V} + j\omega C\dot{V} = \left\{\frac{1}{R} + j\left(\omega C - \frac{1}{\omega L}\right)\right\}\dot{V} \quad \text{式 5.28}$$

(5) インピーダンスの合成

図のように $\dot{Z}_1, \dot{Z}_2, \dot{Z}_3$ のインピーダンスが接続されている場合，回路の合成インピーダンス $\dot{Z}$ は直流回路における抵抗の直並列接続と同様に求めることができます。

$$\dot{Z} = Z_1 + \frac{\dot{Z}_2\dot{Z}_3}{\dot{Z}_2 + \dot{Z}_3} \quad \text{式 5.29}$$

5.3 *RLC* 直列回路，*RLC* 並列回路

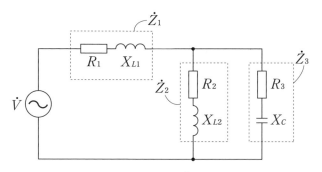

図 5-10　インピーダンスの合成

例題 1

図の回路に電圧 $\dot{V}=100\,\mathrm{V}$，周波数 $f=20\,\mathrm{kHz}$ の交流電圧を加えたとき，次の問いに答えよ。

(1) 誘導リアクタンス $\dot{X}_L$ を求めよ。
(2) 容量リアクタンス $\dot{X}_C$ を求めよ。
(3) 回路全体のベクトルインピーダンス $\dot{Z}$ を求めよ。
(4) ベクトルインピーダンスの大きさ Z を求めよ。
(5) 回路を流れる電流 $\dot{I}$ を求めよ。
(6) 電流 $\dot{I}$ の大きさ I を求めよ。
(7) インピーダンス角 θ を求めよ。

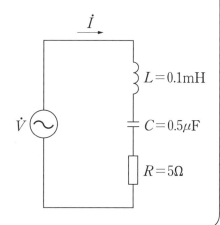

解き方

(1), (2)　角速度 $\omega=2\pi f$ を求めた後，$\dot{X}_L=j\omega L$，$\dot{X}_C=-\dfrac{j}{\omega C}$

(3)　*RLC* 直列回路のベクトルインピーダンス（合成インピーダンス）は，各要素のインピーダンス R, jX_L, $-jX_C$ の和となり，$\dot{Z}=R+j\left(\omega L-\dfrac{1}{\omega C}\right)$

(4)　ベクトルインピーダンス $\dot{Z}$ の大きさは，$\dot{Z}=\sqrt{R^2+\left(\omega L-\dfrac{1}{\omega C}\right)^2}$

(5)　$\dot{I}=\dfrac{\dot{V}}{\dot{Z}}$

(6)　$\dot{I}$ の実数部を a，虚数部を b とすると，$I=\sqrt{a^2+b^2}$

(7)　$\theta=\tan^{-1}\dfrac{\omega L-\dfrac{1}{\omega C}}{R}$

解答

(1) $\omega = 2\pi f = 2\pi \times 20 \times 10^3 = 40000\pi$ [rad/s],
$\dot{X}_L = j\omega L = j40000\pi \times 0.1 \times 10^{-3} = j4\pi \fallingdotseq j12.6\,\Omega$

(2) $\dot{X}_C = -j\dfrac{1}{\omega C} = -j\dfrac{1}{40000\pi \times 0.5 \times 10^{-6}} = -j\dfrac{50}{\pi} \fallingdotseq -j15.9\,\Omega$

(3) $\dot{Z} = R + j\left(\omega L - \dfrac{1}{\omega C}\right) = 5 + j(12.6 - 15.9) = 5 - j3.3\,\Omega$

(4) $Z = \sqrt{R^2 + \left(\omega L - \dfrac{1}{\omega C}\right)^2} = \sqrt{5^2 + (12.6 - 15.9)^2} \fallingdotseq 5.99\,\Omega$

(5) $\dot{I} = \dfrac{\dot{V}}{\dot{Z}} = \dfrac{100}{5 - j3.3} = \dfrac{100(5 + j3.3)}{(5 - j3.3)(5 + j3.3)} = \dfrac{100(5 + j3.3)}{5^2 + 3.3^2} = \dfrac{500}{35.89} + j\dfrac{330}{35.89}$
$\fallingdotseq 13.9 + j9.19\,\text{A}$

(6) $I = \sqrt{13.9^2 + 9.19^2} \fallingdotseq 16.7\,\text{A}$

(7) $\theta = \tan^{-1}\dfrac{\omega L - \dfrac{1}{\omega C}}{R} = \tan^{-1}\dfrac{12.6 - 15.9}{5} = -33.4°$

（電流$\dot{I}$に対する電圧$\dot{V}$の位相は33.4°遅れる）

例題 2

図の回路において，次の問いに答えよ。
(1) インピーダンス$\dot{Z}_1$, $\dot{Z}_2$に流れる電流$\dot{I}_1$と$\dot{I}_2$を$\dot{V}$, $\dot{Z}_1$, $\dot{Z}_2$を用いて示せ。
(2) 回路を流れる電流$\dot{I}$を$\dot{V}$, $\dot{Z}_1$, $\dot{Z}_2$を用いて示せ。
(3) 回路の合成ベクトルインピーダンス$\dot{Z}$を$\dot{Z}_1$, $\dot{Z}_2$を用いて示せ。

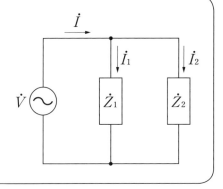

解き方

(1) 並列回路なので，各インピーダンスに加わる電圧は等しくなります。それぞれのインピーダンスに対して，直流回路と同様にオームの法則を適用します。

(2) キルヒホッフの法則（流れ込む電流の和と流れ出す電流の和は等しい）を用いて，$\dot{I} = \dot{I}_1 + \dot{I}_2$

(3) 回路全体を考えて，流れる電流は$\dot{I}$, 加わる電圧は$\dot{V}$なので，

合成ベクトルインピーダンス$\dot{Z} = \dfrac{\dot{V}}{\dot{I}}$

解答

(1) $\dot{I}_1 = \dfrac{\dot{V}}{\dot{Z}_1}$, $\dot{I}_2 = \dfrac{\dot{V}}{\dot{Z}_2}$

(2) $\dot{I} = \dot{I}_1 + \dot{I}_2 = \dfrac{\dot{V}}{\dot{Z}_1} + \dfrac{\dot{V}}{\dot{Z}_2} = \dot{V}\left(\dfrac{1}{\dot{Z}_1} + \dfrac{1}{\dot{Z}_2}\right) = \dot{V}\left(\dfrac{\dot{Z}_1 + \dot{Z}_2}{\dot{Z}_1 \cdot \dot{Z}_2}\right)$

(3) $\dot{Z} = \dfrac{\dot{V}}{\dot{I}} = \dfrac{\dot{V}}{\dot{V}\left(\dfrac{\dot{Z}_1 + \dot{Z}_2}{\dot{Z}_1 \cdot \dot{Z}_2}\right)} = \dfrac{1}{\dfrac{\dot{Z}_1 + \dot{Z}_2}{\dot{Z}_1 \cdot \dot{Z}_2}} = \dfrac{\dot{Z}_1 \cdot \dot{Z}_2}{\dot{Z}_1 + \dot{Z}_2}$

（直流回路の並列合成抵抗と同様に和分の積となります）

例題 3

図の回路において，$\dot{I} = 2\,\mathrm{A}$，$\dot{Z}_1 = 10 + j5\,\Omega$，$\dot{Z}_2 = 20 + j4\,\Omega$，$\dot{Z}_3 = 30 - j4\,\Omega$ のとき，次の問いに答えよ。

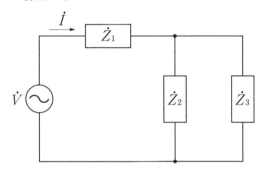

(1) 回路の合成ベクトルインピーダンス $\dot{Z}$ を求めよ。
(2) 回路の電圧 $\dot{V}$ を求めよ。

解き方

(1) 直流回路における抵抗の直並列接続と同様にして，$\dot{Z} = \dot{Z}_1 + \dfrac{\dot{Z}_2 \cdot \dot{Z}_3}{\dot{Z}_2 + \dot{Z}_3}$

(2) $\dot{V} = \dot{I}\dot{Z}$

解答

(1) $\dot{Z} = \dot{Z}_1 + \dfrac{\dot{Z}_2 \cdot \dot{Z}_3}{\dot{Z}_2 + \dot{Z}_3} = 10 + j5 + \dfrac{(20+j4)\cdot(30-j4)}{(20+j4)+(30-j4)}$

$= 10 + j5 + \dfrac{600 + 16 + j120 - j80}{50} = 10 + j5 + \dfrac{616 + j40}{50} = 10 + j5 + \dfrac{616}{50} + \dfrac{j40}{50}$

$\fallingdotseq 22.3 + j5.8\,\Omega$

(2) $\dot{V} = \dot{I}\dot{Z} = 2 \times (22.3 + j5.8) = 44.6 + j11.6\,\mathrm{V}$

練習問題 25

1 図の RLC 直列回路について，各素子に加わる電圧 $\dot{V}_R$, $\dot{V}_L$, $\dot{V}_C$ および回路全体の電圧 $\dot{V}$ を求めよ。

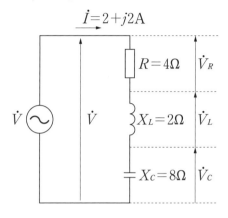

2 図の RLC 並列回路について，各素子に流れる電流 $\dot{I}_R$, $\dot{I}_L$, $\dot{I}_C$ および回路全体に流れる電流 $\dot{I}$ を求めよ。

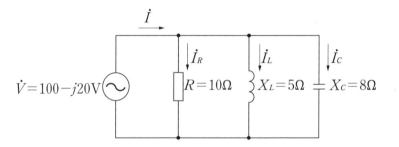

3 図の (a), (b) の回路の合成インピーダンスを求めよ。ただし，$\dot{Z}_1=5+j\ \Omega$, $\dot{Z}_2=2-j3\ \Omega$, $\dot{Z}_3=3+j2\ \Omega$ とする。

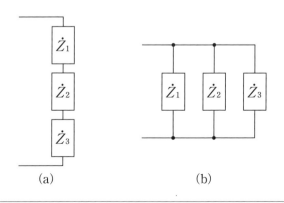

5.4 記号法の応用

キーワード

交流回路　記号法　交流ブリッジ　平衡状態　キルヒホッフの法則
重ね合わせの理

ポイント

(1) 交流ブリッジ

4個のインピーダンス$\dot{Z}_1, \dot{Z}_2, \dot{Z}_3, \dot{Z}_4$を図のように接続した回路を交流ブリッジ（alternating-current bridge）といいます。図における記号Dは微弱な電流の検出器です。各インピーダンスを調整して検出器Dに電流が流れなくなったとき、ブリッジが平衡状態にあるといいます。

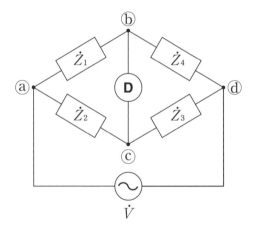

図 5-11　交流ブリッジ

(2) ブリッジの平衡条件

向かい合う辺のインピーダンスを掛け合わせた値$\dot{Z}_1\dot{Z}_3$と$\dot{Z}_2\dot{Z}_4$がそれぞれ等しいとき、ブリッジは平衡状態となります。

ブリッジが平衡状態であるとき、図のbとcの電位は等しくb-c間には電流は流れません。

$$\dot{Z}_1\dot{Z}_3 = \dot{Z}_2\dot{Z}_4 \quad \text{式 5.30 （ブリッジの平衡条件）}$$

(3) キルヒホッフの法則

交流回路においても記号法を用いることによって直流回路と同様にキルヒホッフの法則を適用することができます。

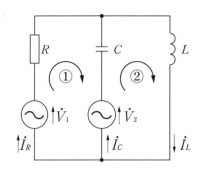

図5-12 キルヒホッフの法則

図において,キルヒホッフの第1法則(電流則)は

$$\dot{I}_L = \dot{I}_R + \dot{I}_C \quad \text{式 5.31}$$

キルヒホッフの第2法則(電圧則)は

閉回路①では,$\dot{V}_1 - \dot{V}_2 = R\dot{I}_R - (-jX_C\dot{I}_C)$ ……………………… 式 5.32

閉回路②では,$\dot{V}_2 = -jX_C\dot{I}_C + jX_L\dot{I}_L$ ……………………… 式 5.33

(4) 重ね合わせの理

記号法を用いて重ね合わせの理を適用することができます。

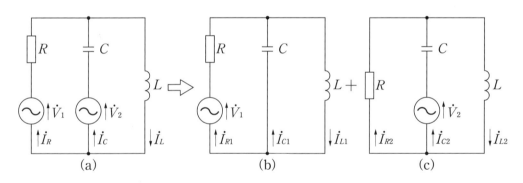

図5-13 重ね合わせの理

図において(a)の回路を解く場合,二つの電源 $\dot{V}_1$ と $\dot{V}_2$ がそれぞれ単独に存在する場合である図(b)と図(c)を考え,以下の式を求めます。

$$\dot{I}_R = \dot{I}_{R1} + \dot{I}_{R2} \quad \text{式 5.34}$$
$$\dot{I}_C = \dot{I}_{C1} + \dot{I}_{C2} \quad \text{式 5.35}$$
$$\dot{I}_L = \dot{I}_{L1} + \dot{I}_{L2} \quad \text{式 5.36}$$

例題 1

図のブリッジが平衡状態のとき，C の値を求めよ。

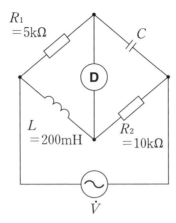

解き方

図におけるブリッジの平衡条件 $R_1 \times R_2 = jX_L \times (-jX_C)$ より C の値を導きます。

解答

$R_1 \times R_2 = jX_L \times (-jX_C)$ より，$R_1 \times R_2 = X_L \times X_C$

$X_L = \omega L$，$X_C = \dfrac{1}{\omega C}$ を代入して $R_1 \times R_2 = \dfrac{\omega L}{\omega C} = \dfrac{L}{C}$

したがって，$C = \dfrac{L}{R_1 \times R_2} = \dfrac{200 \times 10^{-3}}{5 \times 10^3 \times 10 \times 10^3} = 4 \times 10^{-9} = 4\,\mathrm{nF}$

例題 2

図の回路において次の問に答えよ。

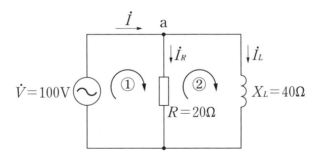

(1) a点に関してキルヒホッフの第1法則（電流に関する法則）を適用して式を立てよ。

(2) 閉回路①についてキルヒホッフの第2法則（電圧に関する法則）を適用して式を立てよ。

(3) 閉回路②についてキルヒホッフの第2法則（電圧に関する法則）を適用して式を立てよ。

(4) (1)〜(3)で立てた式を用いて，$\dot{I}_R$，$\dot{I}_L$，$\dot{I}$ を求めよ。

解き方

(1) a点に流れ込む電流の和は $\dot{I}$，a点から流れ出る電流の和は $\dot{I}_R + \dot{I}_L$ であり，それぞれが等しくなります。

(2) 閉回路①について起電力の和は $\dot{V}$，電圧降下の和は $R\dot{I}_R$ であり，それぞれが等しくなります。

(3) 閉回路②について，起電力の和は 0，電圧降下の和は $-R\dot{I}_R + jX_L\dot{I}_L$ であり，それぞれが等しくなります。

(4) $\dot{I}_R$，$\dot{I}_L$ の値を求めた後，$\dot{I}$ を計算します。

解答

(1) $\dot{I} = \dot{I}_R + \dot{I}_L$

(2) $\dot{V} = R\dot{I}_R$

(3) $0 = -R\dot{I}_R + jX_L\dot{I}_L$

(4) $\dot{V} = R\dot{I}_R$ より，$\dot{I}_R = \dfrac{\dot{V}}{R} = \dfrac{100}{20} = 5\,\text{A}$

$0 = -R\dot{I}_R + jX_L\dot{I}_L$ より，$\dot{I}_L = \dfrac{R\dot{I}_R}{jX_L} = \dfrac{20 \times 5}{j40} = -j2.5\,\text{A}$

∴ $\dot{I} = \dot{I}_R + \dot{I}_L = 5 - j2.5\,\text{A}$

例題 3

重ね合わせの理を用いて図の回路における，$\dot{V}_1$ が単独に存在する場合の合成インピーダンス $\dot{Z}_1$，各素子を流れる電流 $\dot{I}_{L1}$，$\dot{I}_{R1}$，$\dot{I}_{C1}$ および $\dot{V}_2$ が単独に存在する場合の $\dot{Z}_2$，$\dot{I}_{L2}$，$\dot{I}_{R2}$，$\dot{I}_{C2}$ に関する式を立てよ。

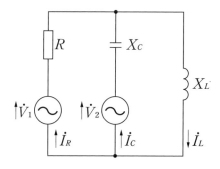

解答

まず，$\dot{V}_1$ が単独に存在する場合を考えます。

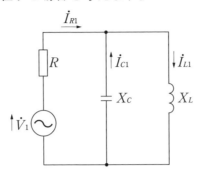

回路の合成インピーダンスは，$\dot{Z}_1 = R + \dfrac{jX_L \times (-jX_C)}{jX_L + (-jX_C)}$

したがって回路を流れる電流は，$\dot{I}_{R1} = \dfrac{\dot{V}_1}{\dot{Z}_1}$，

$\dot{I}_{L1}$，$\dot{I}_{C1}$ はそれぞれ $\dot{I}_{R1}$ の分流で求まり，

$$\dot{I}_{L1} = \dfrac{-jX_C}{jX_L + (-jX_C)} \dot{I}_{R1}$$

$$\dot{I}_{C1} = -\dfrac{jX_L}{jX_L + (-jX_C)} \dot{I}_{R1} \quad (\dot{I}_{R1} と逆向きなので負)$$

次に，$\dot{V}_2$ が単独に存在する場合を考えます。

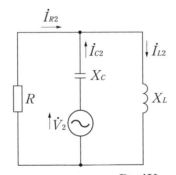

回路の合成インピーダンスは，$\dot{Z}_2 = -jX_C + \dfrac{R \times jX_L}{R + jX_L}$

したがって回路を流れる電流は，$\dot{I}_{C2} = \dfrac{\dot{V}_2}{\dot{Z}_2}$

$\dot{I}_{R2}$，$\dot{I}_{L2}$ はそれぞれ $\dot{I}_{C2}$ の分流で求まり，

$$\dot{I}_{R2} = -\dfrac{jX_L}{R + jX_L} \dot{I}_{C2} \quad (\dot{I}_{C2} と逆向きなので負)$$

$$\dot{I}_{L2} = \dfrac{R}{R + jX_L} \dot{I}_{C2}$$

練習問題 26

1 5.4節「記号の応用」の例題 3（174頁）について，$\dot{V}_1=100\,\text{V}$，$\dot{V}_2=j50\,\text{V}$，$R=20\,\Omega$，$X_L=40\,\Omega$，$X_C=60\,\Omega$ とした場合の，回路を流れる電流 $\dot{I}_R$，$\dot{I}_L$，$\dot{I}_C$ を求めよ。

2 次のブリッジが平衡状態のとき，L の値を求めよ。

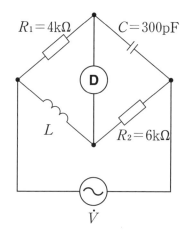

3 図の回路を流れる電流 $\dot{I}_R$，$\dot{I}_L$，$\dot{I}$，を求めよ。ただし，電源 $\dot{V}_1$，$\dot{V}_2$ の周波数は 50 Hz とする。

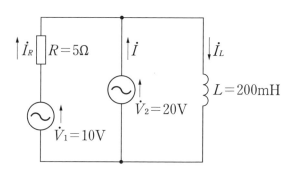

6章

三相交流回路と非正弦交流

交流には，家庭で使用している単相交流の他に，企業や工場などにおいて動力用として用いられる三相交流があります。三相交流は3本の電力線で電力を伝えるもので，位相がそれぞれ120°ずれた3組の単相交流を合わせたものとなります。

本章では，三相交流について，その性質と表現法，結線法について学習しましょう。また，非正弦波交流や過渡現象，微分回路，積分回路について取り上げます。

6章 三相交流回路と非正弦交流

6.1 三相交流の性質と表現

キーワード

三相交流　位相差 $\frac{2}{3}\pi$　対称三相回路　相電圧　相電流　線間電圧　線電流　Y形結線　Δ形結線　$V_a+V_b+V_c=0$

ポイント

(1) 三相交流とは

三相交流（three phase alternating current）とは角速度（周波数）が同じで位相の異なる三つの交流を一組として扱うものです。互いに位相差が $\frac{2}{3}\pi$ [rad]（120°）で大きさが等しいものを対称三相交流（symmetrical three phase alternating current）といいます。本章では対称三相交流を三相交流として扱い，説明を行います。

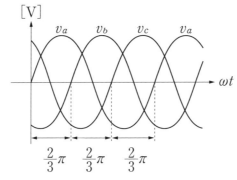

図 6-1　対称三相交流

(2) 三相交流の性質

v_a, v_b, v_c よりなる三相交流の性質は，

①角速度（周波数）は等しい。

②大きさは等しい。

③各瞬時値の和は 0 となる。

$$v_a+v_b+v_c=0 \quad \text{式 6.1}$$

(3) 三相交流の表し方

角速度を ω [rad/s]，大きさ（実効値）V [V]，a 相を v_a，b 相を v_b，c 相を v_c とする三相交流を瞬時値，ベクトル，複素数を用いて以下に表現します。

① 瞬時値

a 相　$v_a = \sqrt{2}V\sin\omega t$ [V] ……………………………… 式 6.2

b 相　$v_b = \sqrt{2}V\sin\left(\omega t - \dfrac{2}{3}\pi\right)$ [V] ……………… 式 6.3

c 相　$v_c = \sqrt{2}V\sin\left(\omega t - \dfrac{4}{3}\pi\right)$ [V] ……………… 式 6.4

② ベクトル（極座標）

a 相　$V_a = V\angle 0$ V ……………………………………… 式 6.5

b 相　$V_b = V\angle -\dfrac{2}{3}\pi$ [V] …………………………… 式 6.6

c 相　$V_c = V\angle -\dfrac{4}{3}\pi$ [V] …………………… 式 6.7

③ 複素数

a 相　$V_a = V$ [V] ……………………………… 式 6.8

b 相　$V_b = V\left(-\dfrac{1}{2} - j\dfrac{\sqrt{3}}{2}\right)$ [V] …………… 式 6.9

c 相　$V_c = V\left(-\dfrac{1}{2} + j\dfrac{\sqrt{3}}{2}\right)$ [V] …………… 式 6.10

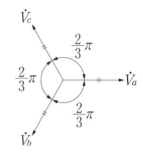

図 6-2　ベクトル（三相交流）

(4) 三相交流の結線

三相交流の結線には，Y（星）形結線（Y connection）とΔ（三角）形結線（delta connection）が用いられます。

各電源の電圧と電流は相電圧（phase voltage）および相電流（phase current）といい，線間の電圧を線間電圧（line voltage），各線に流れる電流を線電流（line current）といいます。

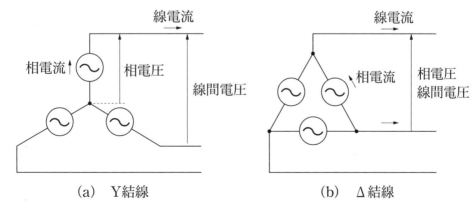

図 6-3　Y形結線とΔ形結線

例題 1

図は a 相を v_a, b 相を v_b, c 相を v_c とする三相交流の相電圧を示したものである。図を参照して次の問いに答えよ。

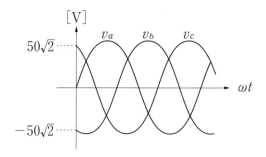

(1) 角速度を 40π [rad/s] としたときの各相の電圧を瞬時値で示せ。
(2) 各相を極座標ベクトルを用いて式と図で示せ。
(3) 複素数を用いて各相を式と図で示せ。

解き方

(1) 電圧の瞬時値表示の一般式は，$v = \sqrt{2}V\sin(\omega t + \theta)$ であり，$\sqrt{2}V$ は最大値，ω は角速度，θ は位相角です。波形より各相の最大値，角速度，位相角を読み取り，瞬時値で示します。

(2) 極座標のベクトルの一般式は，$V = V\angle\theta$ で示されます。ここで V は実効値，θ は位相角です。こららの値を瞬時式または波形より読み取ります。

(3) 複素数を用いた一般式は，$V = V(a + jb)$ であり，実数部 a と虚数部 b を位相角 θ より求めます。

解答

(1) 基本となる a 相をまず求めます。最大値は $50\sqrt{2}$ V，角速度 $\omega = 40\pi$ [rad/s]，位相角 $\theta = 0$ であり，$v_a = 50\sqrt{2}\sin 40\pi t$ [V]，b 相 v_b は a 相より $\dfrac{2}{3}\pi$ 位相が遅れるので，$v_b = 50\sqrt{2}\sin\left(40\pi t - \dfrac{2}{3}\pi\right)$ [V]，c 相 v_c は a 相より $\dfrac{4}{3}\pi$ 位相が遅れるので，$v_c = 50\sqrt{2}\sin\left(40\pi t - \dfrac{4}{3}\pi\right)$ [V]

(2) 実効値は $\dfrac{最大値}{\sqrt{2}}$ なので，$\dfrac{50\sqrt{2}}{\sqrt{2}} = 50$ V，a 相は位相差 0，b 相は $\dfrac{2}{3}\pi$ 遅れ位相，c 相は $\dfrac{4}{3}\pi$ 遅れ位相なので，$V_a = 50$ V，$V_b = 50\angle -\dfrac{2}{3}\pi$ [V]，$V_c = 50\angle -\dfrac{4}{3}\pi$ [V]

6.1 三相交流の性質と表現

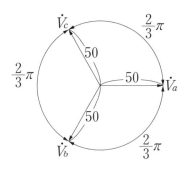

(3) ベクトル図より，各相の実数部と虚数部を求めます。a 相は実数部 50，虚数部 0 であり，$\dot{V}_a=50\,\mathrm{V}$，下図に示すベクトル図より $50\sin 30°=25$，$50\cos 30°\fallingdotseq 43.3$ なので，b 相は $\dot{V}_b=-25-j43.3\,\mathrm{V}$，$c$ 相は $\dot{V}_c=-25+j43.3\,\mathrm{V}$

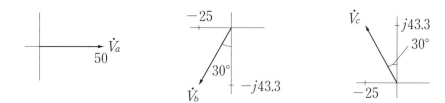

例題 2

図は三相交流のY結線を示したものである。図を参照にして以下の文中の ① ～ ⑤ を埋めよ。

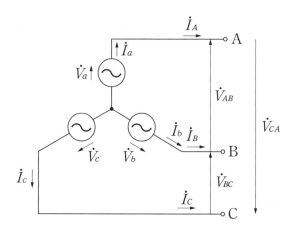

$\dot{V}_a$，$\dot{V}_b$，$\dot{V}_c$ は ① 電圧，$\dot{V}_{AB}$，$\dot{V}_{BC}$，$\dot{V}_{CA}$ は ② 電圧，$\dot{I}_a$，$\dot{I}_b$，$\dot{I}_c$ は ③ 電流，$\dot{I}_A$，$\dot{I}_B$，$\dot{I}_C$ は ④ 電流という。Y結線の場合は，③ 電流と ④ 電流は ⑤ 。

解き方

　三相交流回路において，各相における電源の電圧を相電圧，各相に流れる電流を相電流，各線間の電圧を線間電圧，各線を流れる電流を線電流と呼びます。

解答

① 相　② 線間　③ 相　④ 線　⑤ 等しい

例題 3

　図は三相交流のΔ結線を示したものである。図を参照にして以下の問いに答えよ。

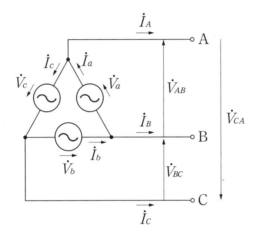

$\dot{V}_a$, $\dot{V}_b$, $\dot{V}_c$ は ① 電圧，$\dot{V}_{AB}$, $\dot{V}_{BC}$, $\dot{V}_{CA}$ は ② 電圧，$\dot{I}_a$, $\dot{I}_b$, $\dot{I}_c$ は ③ 電流，$\dot{I}_A$, $\dot{I}_B$, $\dot{I}_C$ は ④ 電流という。Δ結線の場合は， ① 電圧と ② 電圧は ⑤ 。

解答

① 相　② 線間　③ 相　④ 線　⑤ 等しい

練習問題 27

1 $100\sqrt{2}$ V の相電圧を持つ三相交流の他の二相の相電圧を示せ。

2 $50\sqrt{2} \angle \dfrac{\pi}{2}$ [V] の相電圧を持つ三相交流の他の二相の相電圧を示せ。

3 次の表は三相交流の表現を，瞬時値，極座標ベクトル，複素数で表したものである。(1)〜(24)の空欄を埋めて表を完成せよ。ただし，全ての電源において，周波数を 50 Hz とし，a 相を基準（位相 0）とする。

相	瞬時値 [V]	極座標ベクトル [V]	複素数 [V]
a	$100\sqrt{2}\sin 50\pi t$	(3)	(6)
b	(1)	(4)	(7)
c	(2)	(5)	(8)
a	(9)	$200\angle 0$	(14)
b	(10)	(12)	(15)
c	(11)	(13)	(16)
a	(17)	(20)	240
b	(18)	(21)	(23)
c	(19)	(22)	(24)

4 対称三相交流電源の各相の和が 0 V となることを，複素数を用いて証明せよ。

6.2 Y−Y 結線

6章 三相交流回路と非正弦交流

キーワード
Y−Y 結線　中性点　中性線　平衡三相回路　三相電力　力率　$\sqrt{3}VI\cos\theta$

ポイント

(1) Y−Y 結線

図のように電源が Y 結線，負荷が Y 結線の接続を Y−Y 結線といいます。図における N および N′ を中性点（neutral point），N と N′ 間を結ぶ線を中性線（neutral conductor）といいます。

図において，

$$\text{相電圧}：\dot{V}_a,\ \dot{V}_b,\ \dot{V}_c \cdots\cdots\text{式 6.11}$$
$$\text{線間電圧}：\dot{V}_{AB},\ \dot{V}_{BC},\ \dot{V}_{CA} \cdots\cdots\text{式 6.12}$$
$$\text{相電流}：\dot{I}_a,\ \dot{I}_b,\ \dot{I}_c \cdots\cdots\text{式 6.13}$$
$$\text{線電流}：\dot{I}_A,\ \dot{I}_B,\ \dot{I}_C \cdots\cdots\text{式 6.14}$$

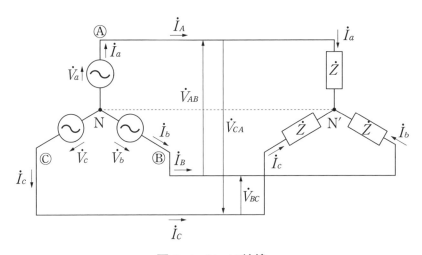

図 6-4　Y−Y 結線

(2) 平衡三相回路

各相のインピーダンスが等しいときを平衡三相回路（balanced three phase circuit）といい，相電流 $\dot{I}_a,\ \dot{I}_b,\ \dot{I}_c$ は平衡三相交流電流となります。中性線を流れる電流は，各相の電流の和であり，平衡負荷のときは電流が 0 となり，図のように中性線を省略することができます。

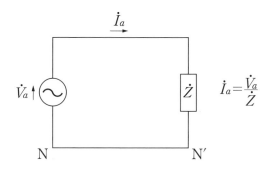

図 6-5 単相回路として扱う（a 相を例示）

(3) Y-Y 結線の性質

① 各相の電力は等しい。

② 線電流と相電流は等しい。

③ 線間電圧は相電圧に対して位相が $\dfrac{\pi}{6}$ [rad] 進み，大きさは $\sqrt{3}$ 倍となります。

$$\dot{V}_{AB} = \dot{V}_a - \dot{V}_b \quad \text{………………………………………………………… 式 6.15}$$
$$\dot{V}_{BC} = \dot{V}_b - \dot{V}_c \quad \text{………………………………………………………… 式 6.16}$$
$$\dot{V}_{CA} = \dot{V}_c - \dot{V}_a \quad \text{………………………………………………………… 式 6.17}$$

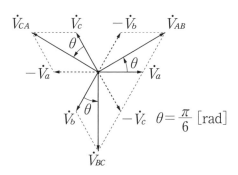

図 6-6 ベクトル図

(4) 三相電力

三相交流全体の電力を三相電力といいます。各相の線間電圧を V [V]，線電流を I [A] とすると，

三相電力 $= 3 \times$ 相電力 $= 3 \times$ 相電圧 $\times$ 相電流 $\times$ 力率

$= \sqrt{3} \times$ 線間電圧 $\times$ 線電流 $\times$ 力率 $= \sqrt{3} VI \cos\theta$ [W] ………………… 式 6.18

例題 1

図に示す Y－Y 結線の三相回路において，線電流 I を求めよ。ただし，回路における全ての R を $3\,\Omega$，全ての X_L を $4\,\Omega$ とする。

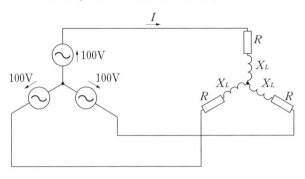

解き方

図の三相回路は平衡三相回路なので，図のように単相回路として考えることができます。

まず回路のインピーダンスを求める。$Z=\sqrt{R^2+X_L{}^2}\,[\Omega]$，次に線電流 $I=\dfrac{e}{Z}\,[\mathrm{A}]$ を求めます。

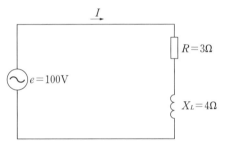

解答

$Z=\sqrt{R^2+X_L{}^2}=\sqrt{3^2+4^2}=5\,\Omega,\ \ I=\dfrac{e}{Z}=\dfrac{100}{5}=20\,\mathrm{A}$

例題 2

図の負荷回路に $V=100\,\mathrm{V}$ の三相電圧を加えたとき，次の(1)～(8)の値を求めよ。ただし，$R=10\,\Omega$，$X_L=5\,\Omega$ とする。

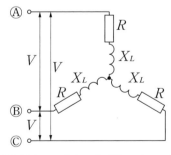

(1) 線間電圧　　(2) 相電圧　　(3) 各相のインピーダンス
(4) 力率 $\cos\theta$　　(5) 線電流　　(6) 相電流　　(7) 相電圧
(8) 三相電力

解き方

(1) 線間電圧は，回路の A−B，B−C，C−A 間の電圧です。

(2) Y−Y 結線の相電圧は線間電圧の $\dfrac{1}{\sqrt{3}}$ となります。

(3) 単相回路として考え，各相のインピーダンスは R と X_L の直列回路となり，$\sqrt{R^2+X_L^2}$ [Ω]

(4) RL 直列回路の力率は $\cos\theta=\dfrac{R}{Z}$ [Ω]です。

(5), (6) Y−Y 結線の相電流と線電流は等しくなります。相電流はオームの法則より $\dfrac{相電圧}{Z}$ [A]で求まります。

(7) 相電力＝相電圧×相電流×力率

(8) 三相電力は相電力の3倍となります。

解答

(1) $V=100\,\text{V}$

(2) 相電圧 $=\dfrac{V}{\sqrt{3}}=\dfrac{100}{\sqrt{3}}=\dfrac{100\sqrt{3}}{3}\fallingdotseq 57.7\,\text{V}$

(3) インピーダンス $=\sqrt{R^2+X_L^2}=\sqrt{10^2+5^2}=\sqrt{125}=5\sqrt{5}\fallingdotseq 11.2\,\Omega$

(4) $\cos\theta=\dfrac{R}{Z}=\dfrac{10}{5\sqrt{5}}=\dfrac{2\sqrt{5}}{5}\fallingdotseq 0.89$

(5), (6) 相電流＝線電流 $=\dfrac{相電圧}{Z}=\dfrac{\left(\dfrac{100}{\sqrt{3}}\right)}{5\sqrt{5}}=\dfrac{4\sqrt{15}}{3}\fallingdotseq 5.16\,\text{A}$

(7) 相電力＝相電圧×相電流×力率 $=\left(\dfrac{100\sqrt{3}}{3}\right)\times\left(\dfrac{4\sqrt{15}}{3}\right)\times\left(\dfrac{2\sqrt{5}}{5}\right)=\dfrac{800}{3}\fallingdotseq 267\,\text{W}$

(8) 三相電力＝3×相電力 $=3\times\dfrac{800}{3}=800\,\text{W}$

例題 3

図のY-Y結線三相回路において，各相の電圧は，$\dot{V}_a = V$ [V]，$\dot{V}_b = -\dfrac{1}{2}V - j\dfrac{\sqrt{3}}{2}V$ [V]，$\dot{V}_c = -\dfrac{1}{2}V + j\dfrac{\sqrt{3}}{2}V$ [V] である。

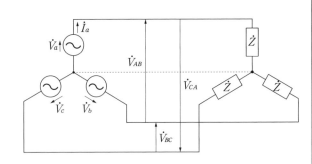

図を参照して次の問いに答えよ。

(1) 線間電圧 $\dot{V}_{AB}$, $\dot{V}_{BC}$, $\dot{V}_{CA}$ を求めよ。

(2) 線間電圧 $\dot{V}_{AB}$ は相電圧 $\dot{V}_a$ に対して，どのくらい位相がずれるか。また，大きさは何倍になるか。

解き方

(1) 図より $\dot{V}_{AB} = \dot{V}_a - \dot{V}_b$, $\dot{V}_{BC} = \dot{V}_b - \dot{V}_c$, $\dot{V}_{CA} = \dot{V}_c - \dot{V}_a$

(2) 線間電圧 $\dot{V}_{AB}$ をベクトル図に描き，相電圧 $\dot{V}_a$ と比較します。

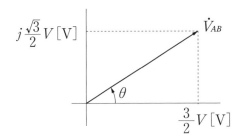

解答

(1) $\dot{V}_{AB} = \dot{V}_a - \dot{V}_b = V - \left(-\dfrac{1}{2}V - j\dfrac{\sqrt{3}}{2}V\right) = \dfrac{3}{2}V + j\dfrac{\sqrt{3}}{2}V$ [V]

$\dot{V}_{BC} = \dot{V}_b - \dot{V}_c = \left(-\dfrac{1}{2}V - j\dfrac{\sqrt{3}}{2}V\right) - \left(-\dfrac{1}{2}V + j\dfrac{\sqrt{3}}{2}V\right) = -j\sqrt{3}V$ [V]

$\dot{V}_{CA} = \dot{V}_c - \dot{V}_a = \left(-\dfrac{1}{2}V + j\dfrac{\sqrt{3}}{2}V\right) - V = -\dfrac{3}{2}V + j\dfrac{\sqrt{3}}{2}V$ [V]

(2) 上図のベクトル図より，$\dot{V}_{AB}$ の位相は $\dot{V}_a$ と比べて $\tan^{-1}\dfrac{\frac{\sqrt{3}}{2}}{\frac{3}{2}} = 30° = \dfrac{\pi}{6}$ [rad] 進み，大きさは，$|\dot{V}_{AB}| = \sqrt{\left(\dfrac{3}{2}\right)^2 + \left(\dfrac{\sqrt{3}}{2}\right)^2}V = \sqrt{3}V$ なので，$\sqrt{3}$ 倍となります。

練習問題 28

1 図の Y-Y 結線の三相交流回路において、a 相の電圧を $\dot{V}_a = 100\angle 0$ V、b 相の電圧を $\dot{V}_b = 100\angle -\dfrac{2}{3}\pi$ [V] としたときの線間電圧 $\dot{V}_{AB}$ を極座標ベクトルで示せ。

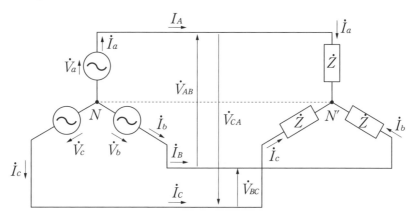

2 線間電圧が 140 V、線電流が 2 A、力率 $\cos\theta = 0.9$ の Y-Y 結線三相交流回路の三相電力を求めよ。

3 図の回路において V, R, X_L を次の値にしたときの三相電力を求めよ。
(1) $V = 100$ V, $R = 5\,\Omega$, $X_L = 0\,\Omega$
(2) $V = 100$ V, $R = 5\,\Omega$, $X_L = 2\,\Omega$
(3) $V = 50$ V, $R = 5\,\Omega$, $X_L = 2\,\Omega$

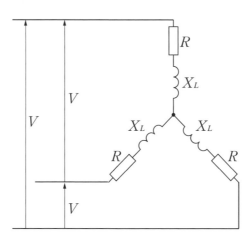

6.3 △−△ 結線

キーワード

△−△結線　中性点　中性線　平衡三相回路　三相電力　力率　$\sqrt{3}VI\cos\theta$

ポイント

(1) △−△ 結線

図のように電源が△結線，負荷が△結線の接続を△−△結線といいます。図において，

$$\text{相電圧}：\dot{V}_a,\ \dot{V}_b,\ \dot{V}_c \cdots\cdots\cdots\cdots\cdots\cdots\cdots\cdots\cdots\cdots\cdots\cdots\cdots\text{式 6.19}$$
$$\text{線間電圧}：\dot{V}_{AB},\ \dot{V}_{BC},\ \dot{V}_{CA} \cdots\cdots\cdots\cdots\cdots\cdots\cdots\cdots\cdots\text{式 6.20}$$
$$\text{相電流}：\dot{I}_a,\ \dot{I}_b,\ \dot{I}_c \cdots\cdots\cdots\cdots\cdots\cdots\cdots\cdots\cdots\cdots\cdots\cdots\cdots\text{式 6.21}$$
$$\text{線電流}：\dot{I}_A,\ \dot{I}_B,\ \dot{I}_C \cdots\cdots\cdots\cdots\cdots\cdots\cdots\cdots\cdots\cdots\cdots\cdots\cdots\text{式 6.22}$$

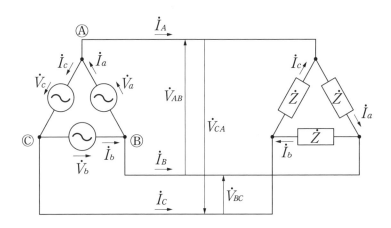

図 6-7　△-△ 結線

(2) 平衡三相回路

各相のインピーダンスが等しいときを平衡三相回路といいます。このとき，各相の電源と負荷は単相回路として扱うことができます。

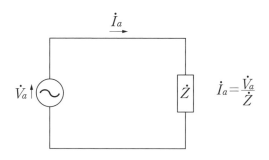

図 6-8 単相回路（a 相を例示）

(3) Δ−Δ 結線の性質

①各相の電力は等しい。

②線間電圧と相電圧は等しい。

③線電流は相電流に対して位相が $\frac{\pi}{6}$ [rad] 遅れ，大きさは $\sqrt{3}$ 倍となる。

$$\dot{I}_A = \dot{I}_a - \dot{I}_c \quad \cdots \quad 式 6.23$$
$$\dot{I}_B = \dot{I}_b - \dot{I}_a \quad \cdots \quad 式 6.24$$
$$\dot{I}_C = \dot{I}_c - \dot{I}_b \quad \cdots \quad 式 6.25$$

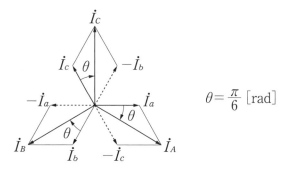

図 6-9 ベクトル図

(4) 三相電力

各相の線間電圧を V [V]，線電流を I [A] とすると，

$$\begin{aligned}三相電力 &= 3 \times 相電力 = 3 \times 相電圧 \times 相電流 \times 力率 \\ &= \sqrt{3} \times 線間電圧 \times 線電流 \times 力率 = \sqrt{3} VI \cos\theta \text{ [W]}\end{aligned} \quad \cdots \quad 式 6.26$$

例題 1

図に示す $\Delta-\Delta$ 結線の三相回路において、線電流 I を求めよ。ただし、回路における全ての R を $20\,\Omega$、全ての X_L を $15\,\Omega$ とする。

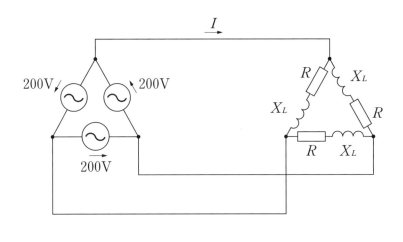

解き方

図の三相回路は平衡三相回路なので、下図のように単相回路として考えることができます。

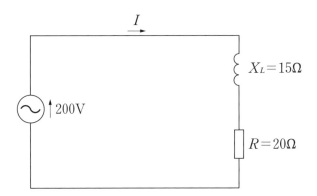

まず回路のインピーダンスを求めます。$Z=\sqrt{R^2+X_L{}^2}\,[\Omega]$、次に線電流 $I=\sqrt{3}\,\dfrac{e}{Z}\,[\mathrm{A}]$ を求めます。

解答

$$Z=\sqrt{R^2+X_L{}^2}=\sqrt{20^2+15^2}=25\,\Omega,\quad I=\sqrt{3}\,\dfrac{e}{Z}=\sqrt{3}\,\dfrac{200}{25}\fallingdotseq 13.9\,\mathrm{A}$$

例題 2

図の負荷回路に $V=100\,\text{V}$ の三相電圧を加えたとき、次の(1)～(8)の値を求めよ。ただし、$R=10\,\Omega$, $X_L=5\,\Omega$ とする。

(1) 線間電圧　(2) 相電圧
(3) 各相のインピーダンス
(4) 力率 $\cos\theta$　(5) 線電流
(6) 相電流　(7) 相電力
(8) 三相電力

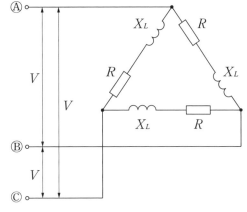

解き方

(1),(2) Δ結線三相交流回路の線間電圧は、相電圧に等しくなります。

(3) 各相のインピーダンスは、R と X_L の直列回路となり、$\sqrt{R^2+X_L^2}\,[\Omega]$

(4) RL 直列回路の力率は $\cos\theta=\dfrac{R}{Z}\,[\Omega]$ です。

(5) Δ結線三相交流回路では、線電流は相電流に対して、位相が $\dfrac{\pi}{6}\,[\text{rad}]$ 遅れ、大きさが $\sqrt{3}$ 倍になります。

(6) 相電流はオームの法則より $\dfrac{V}{Z}\,[\text{A}]$ で求まります。

(7) 相電力＝相電圧×相電流×力率

(8) 三相電力は相電力の 3 倍になります。

解答

(1),(2)　線間電圧＝相電圧＝$V=100\,\text{V}$

(3)　インピーダンス＝$\sqrt{R^2+X_L^2}=\sqrt{10^2+5^2}=\sqrt{125}=5\sqrt{5}\fallingdotseq 11.2\,\Omega$

(4)　$\cos\theta=\dfrac{R}{Z}=\dfrac{10}{5\sqrt{5}}=\dfrac{2\sqrt{5}}{5}\fallingdotseq 0.89$

(5)　(6)の結果を用いて、線電流＝相電流×$\sqrt{3}=4\sqrt{5}\times\sqrt{3}=4\sqrt{15}\fallingdotseq 15.5\,\text{A}$

(6)　相電流＝$\dfrac{V}{Z}=\dfrac{100}{5\sqrt{5}}=4\sqrt{5}\fallingdotseq 8.94\,\text{A}$

(7)　相電力＝相電圧×相電流×力率＝$100\times 4\sqrt{5}\times\left(\dfrac{2\sqrt{5}}{5}\right)=800\,\text{W}$

(8)　三相電力＝$3\times$相電力＝$3\times 800=2400\,\text{W}$

例題 3

図の Δ−Δ 結線三相回路において，各相の電流は，$\dot{I}_a = I$ [A]，$\dot{I}_b = -\frac{1}{2}I - j\frac{\sqrt{3}}{2}I$ [A]，$\dot{I}_c = -\frac{1}{2}I + j\frac{\sqrt{3}}{2}I$ [A] である．図を参照して次の問いに答えよ．

(1) 線電流 $\dot{I}_A$, $\dot{I}_B$, $\dot{I}_C$ を求めよ．
(2) 線電流 $\dot{I}_A$ は相電流 $\dot{I}_a$ に対して，どのくらい位相がずれるか．また，大きさは何倍になるか．

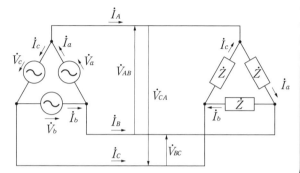

解き方

(1) 図より $\dot{I}_A = \dot{I}_a - \dot{I}_c$, $\dot{I}_B = \dot{I}_b - \dot{I}_a$, $\dot{I}_C = \dot{I}_c - \dot{I}_b$

(2) 線電流 $\dot{I}_A$ と相電流 $\dot{I}_a$ をベクトル図に描き比較します．

解答

(1) $\dot{I}_A = \dot{I}_a - \dot{I}_c = I - \left(-\frac{1}{2}I + j\frac{\sqrt{3}}{2}I\right) = \frac{3}{2}I - j\frac{\sqrt{3}}{2}I$ [A]

$\dot{I}_B = \dot{I}_b - \dot{I}_a = \left(-\frac{1}{2}I - j\frac{\sqrt{3}}{2}I\right) - I = -\frac{3}{2}I - j\frac{\sqrt{3}}{2}I$ [A]

$\dot{I}_C = \dot{I}_c - \dot{I}_b = \left(-\frac{1}{2}I + j\frac{\sqrt{3}}{2}I\right) - \left(-\frac{1}{2}I - j\frac{\sqrt{3}}{2}I\right) = j\sqrt{3}$ A

(2) 上図のベクトル図より，位相は $\tan^{-1}\dfrac{-\frac{\sqrt{3}}{2}}{\frac{3}{2}} = -\dfrac{\pi}{6}$ [rad] 進みます（$\dfrac{\pi}{6}$ [rad] 遅れます）．

大きさは，$|\dot{I}_A| = \sqrt{\left(\frac{3}{2}\right)^2 + \left(\frac{\sqrt{3}}{2}\right)^2}\,I = \sqrt{3}\,I$ なので，$\sqrt{3}$ 倍になります．

練習問題 29

1 図の Δ−Δ 結線の三相交流回路において，a 相の電流を $\dot{I}_a=10\angle 0\,\text{A}$，$c$ 相の電流を $\dot{I}_c=10\angle -\dfrac{4}{3}\pi\,[\text{A}]$ としたときの線電流 $\dot{I}_A$ を極座標ベクトルで示せ。

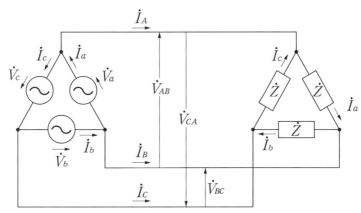

2 線間電圧が 140 V，線電流が 2 A，力率 $\cos\theta=0.9$ の Δ−Δ 結線三相交流回路の三相電力を求めよ。

3 図の回路において $V,\ R,\ X_L$ を次の値にしたときの三相電力を求めよ。

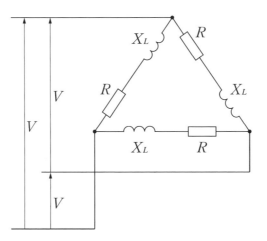

(1) $V=100\,\text{V},\ R=5\,\Omega,\ X_L=0\,\Omega$
(2) $V=100\,\text{V},\ R=5\,\Omega,\ X_L=2\,\Omega$
(3) $V=50\,\text{V},\ R=5\,\Omega,\ X_L=2\,\Omega$

6章 三相交流回路と非正弦交流

6.4 ひずみ波交流

キーワード

ひずみ波交流　非正弦波交流　波形の合成　基本波　高調波　ひずみ波電力　ひずみ率

ポイント

(1) ひずみ波交流

ひずみ波（distorted wave）交流とは波形が正弦波ではない交流（非正弦波交流）で，最大値，周波数，位相の異なった多くの正弦波交流を合成したものとして扱うことができます。

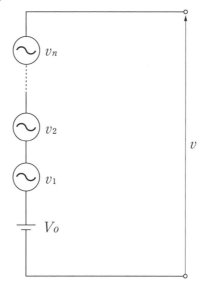

図6-10　正弦波交流の合成

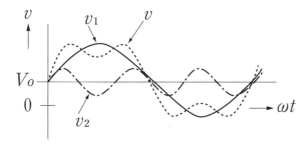

図6-11　合成波形

(2) ひずみ波交流の表し方

ひずみ波交流 $v(t)$ は，

  直流成分 V_0

  基本波 $v_1 = \sqrt{2}\,V_1 \sin(\omega t + \theta_1)$

  第 2 調波 $v_2 = \sqrt{2}\,V_2 \sin(2\omega t + \theta_2)$

  第 3 調波 $v_3 = \sqrt{2}\,V_3 \sin(3\omega t + \theta_3)$

  第 n 調波 $v_n = \sqrt{2}\,V_n \sin(n\omega t + \theta_n)$

の和で表される。第 2 調波以降の波を高調波（high frequency）といいます。

$$v(t) = V_0 + \sqrt{2}\,V_1 \sin(\omega t + \theta_1) + \sqrt{2}\,V_2 \sin(2\omega t + \theta_2) + \sqrt{2}\,V_3 \sin(3\omega t + \theta_3) + \cdots + \sqrt{2}\,V_n \sin(n\omega t + \theta_n) \quad \text{式 6.27}$$

(3) 実効値

ひずみ波交流の実効値は，それぞれの調波の実効値を合成して，次式で示されます。

$$V = \sqrt{V_0^2 + V_1^2 + V_3^2 + \cdots + V_n^2} \quad \text{式 6.28}$$

(4) ひずみ率

基本波の実効値に対する高調波の実効値の割合をひずみ率（distortion factor）といいます。

$$\text{ひずみ率 } k = \frac{\text{高調波の実効値}}{\text{基本波の実効値}} = \frac{\sqrt{V_2^2 + V_3^2 + V_4^2 + \cdots + V_n^2}}{V_1} \times 100\,[\%]$$

$$\text{式 6.29}$$

(5) 電流，電力

ひずみ波交流の電流や電力を求めるには，調波ごとの値を求め，これらを合成します。たとえば図の回路においては，

  瞬時値電圧 $v = V_0 + v_1 = V_0 + \sqrt{2}\,V_1 \sin \omega t\,[\text{V}]$ 式 6.30

  実効値電圧 $V = \sqrt{V_0^2 + V_1^2}\,[\text{V}]$ 式 6.31

  実効値電流 $I = \sqrt{I_0^2 + I_1^2}\,[\text{A}]$ 式 6.32

  電力 $P = V_0 I_0 + V_1 I_1 \cos \theta\,[\text{W}]\ \left(\theta = \tan^{-1} \dfrac{X_L}{R}\right)$ 式 6.33

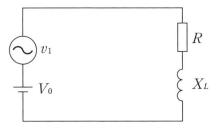

図 6-12 *RL* 直列回路

例題 1

$v = 100\sqrt{2}\sin 2\pi t$ [V] を基本波とするひずみ波交流の，第 4 調波の周波数を求めよ。

解き方

ひずみ波交流の基本波 $v_1 = \sqrt{2}V_1 \sin(\omega t + \theta_1)$ に対して，n 調波は $v_n = \sqrt{2}V_n \sin(n\omega t + \theta_n)$ であり，角速度および周波数は基本波の n 倍となります。

解答

基本波の角速度は $\omega = 2\pi$ [rad/s] なので第 4 調波の角速度は $4\omega = 4 \times 2\pi = 8\pi$ [rad/s]，$\omega = 2\pi f$ より第 4 調波の周波数 $f_4 = \dfrac{4\omega}{2\pi} = \dfrac{8\pi}{2\pi} = 4\,\mathrm{Hz}$

例題 2

図の回路に $v = 120\sqrt{2}\sin\omega t + 100\sqrt{2}\sin 2\omega t + 50\sqrt{2}\sin 3\omega t$ [V] のひずみ波交流を与えたとき，回路を流れる電流 i を求めよ。ただし $\omega = 500$ [rad/s] とする。

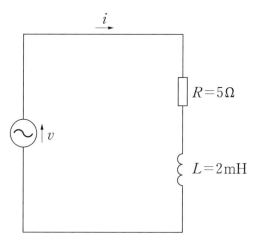

解き方

ひずみ波交流 v は，基本波 $v_1 = 120\sqrt{2}\sin\omega t$ [V]，第 2 調波 $v_2 = 100\sqrt{2}\sin 2\omega t$ [V]，第 3 調波 $v_3 = 50\sqrt{2}\sin 3\omega t$ [V] より成ります。これら電圧ごとに流れる電流 i_1, i_2, i_3 を求めて合成します。電流の瞬時値を求めるには，電流の大きさと電圧に対する位相差をそれぞれの調波について求めます。RL 直列回路では電圧に対して電流は遅れ位相となります。基本波を例にとると，$X_{L1} = \omega L = 500 \times 2 \times 10^{-3} = 1\,\Omega$，インピーダンス $Z_1 = \sqrt{R^2 + X_{L1}{}^2} = \sqrt{5^2 + 1^2} = \sqrt{26}\,\Omega$，位相差 $\theta_1 =$

$\tan^{-1}\dfrac{X_{L1}}{R}=\tan^{-1}\left(\dfrac{1}{5}\right)\fallingdotseq 11.3°$，したがって，基本波による流は $i_1=\dfrac{120\sqrt{2}}{Z_1}\sin(\omega t-\theta_1)$

$=\dfrac{120\sqrt{2}}{\sqrt{26}}\sin(\omega t-11.3°)\fallingdotseq 23.5\sqrt{2}\sin(\omega t-11.3°)$ [A]

解答

基本波による電流は $i_1=23.5\sqrt{2}\sin(\omega t-11.3°)$ [A] （解き方より）

第2調波に関しては，

$X_{L2}=2\omega L=2\times 500\times 2\times 10^{-3}=2\,\Omega$，インピーダンス $Z_2=\sqrt{R^2+X_{L2}^2}=\sqrt{5^2+2^2}=\sqrt{29}$

Ω，位相差 $\theta_2=\tan^{-1}\dfrac{X_{L2}}{R}=\tan^{-1}\left(\dfrac{2}{5}\right)\fallingdotseq 21.8°$，したがって，第2調波による電流は

$i_2=\dfrac{100\sqrt{2}}{Z_2}\sin(2\omega t-\theta_2)=\dfrac{100\sqrt{2}}{\sqrt{29}}\sin(2\omega t-21.8°)\fallingdotseq 18.6\sqrt{2}\sin(2\omega t-21.8°)$ [A]

第3調波に関しては，

$X_{L3}=3\omega L=3\times 500\times 2\times 10^{-3}=3\,\Omega$，インピーダンス $Z_3=\sqrt{R^2+X_{L3}^2}=\sqrt{5^2+3^2}=\sqrt{34}$

Ω，位相差 $\theta_3=\tan^{-1}\dfrac{X_{L3}}{R}=\tan^{-1}\left(\dfrac{3}{5}\right)\fallingdotseq 31.0°$，したがって，第3調波による電流は

$i_3=\dfrac{50\sqrt{2}}{Z_3}\sin(3\omega t-\theta_3)=\dfrac{50\sqrt{2}}{\sqrt{34}}\sin(3\omega t-31.0°)\fallingdotseq 8.57\sqrt{2}\sin(3\omega t-31.0°)$ [A]

以上の結果より $i=i_1+i_2+i_3=23.5\sqrt{2}\sin(\omega t-11.3°)+18.6\sqrt{2}\sin(2\omega t-21.8°)+8.57\sqrt{2}\sin(3\omega t-31.0°)$ [A]

例題 3

図の回路で消費される電力を求めよ。

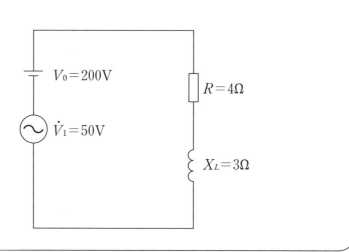

解き方

$V_0=20\,\mathrm{V}$ の直流成分と $\dot{V_1}=50\,\mathrm{V}$ の基本波成分とに分けて考えます。

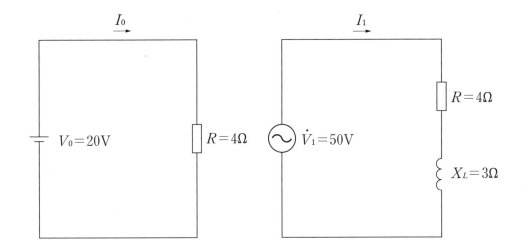

V_0 では直流なので周波数 $f=0$ すなわち $\omega=2\pi f=0$ となるので，コイルのリアクタンス X_{L0} は $0\,\Omega$ となります。したがってインピーダンス Z_0 は，$\sqrt{R^2+X_{L0}{}^2}=R=4\,\Omega$，基本波 v_1 では，インピーダンス $Z_1=\sqrt{R^2+X_{L1}{}^2}=\sqrt{4^2+3^2}=5\,\Omega$。

次に，$I_0=\dfrac{V_0}{Z_0}$，$I_1=\dfrac{V_1}{Z_1}$ よりそれぞれの電流を求めた後，これらの結果を電力 $P=P_0+P_1=V_0I_0+V_1I_1\cos\theta\left(\theta=\tan^{-1}\dfrac{X_{L1}}{R}\right)$ に当てはめます。

解答

直流成分について，

$Z_0=\sqrt{R^2+X_{L0}{}^2}=\sqrt{4^2+0^2}=4\,\Omega$，$I_0=\dfrac{V_0}{Z_0}=\dfrac{20}{4}=5\,\mathrm{A}$，$P_0=I_0V_0=5\times20=100\,\mathrm{W}$

基本波成分について，

$Z_1=\sqrt{R^2+X_{L1}{}^2}=\sqrt{4^2+3^2}=5\,\Omega$，$I_1=\dfrac{V_1}{Z_1}=\dfrac{50}{5}=10\,\mathrm{A}$，$\theta=\tan^{-1}\dfrac{X_{L1}}{R}=\tan^{-1}\dfrac{3}{4}\fallingdotseq 36.9°$，$\cos\theta=\cos 36.9°\fallingdotseq 0.80$，$P_1=V_1I_1\cos\theta=50\times10\times0.8=400\,\mathrm{W}$

これらの結果より，$P=P_0+P_1=100+400=500\,\mathrm{W}$

練習問題 30

1 基本波が 60 Hz の非正弦交流の第 5 調波の周波数を求めよ。

2 基本波が $15\sin 40\pi t$ [V] の非正弦交流の第 3 調波の周波数を求めよ。

3 $v = 200\sqrt{2}\sin\omega t + 40\sqrt{2}\sin 2\omega t + 10\sqrt{2}\sin 3\omega t$ [V] の非正弦波交流電圧を図の回路に加えたときに流れる電流 i を求めよ。

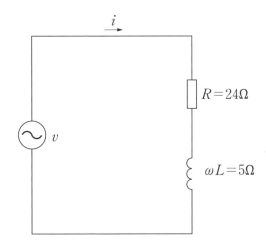

4 次の非正弦波交流のひずみ率 [%] を求めよ。
$v = 120\sin\omega t - 20\sin 2\omega t + 4\sin 3\omega t$ [V]

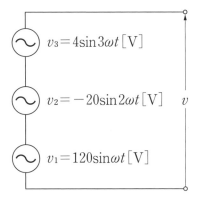

6章 三相交流回路と非正弦交流
6.5 過渡現象

キーワード

過渡現象　RC 直列回路　コンデンサの充放電　時定数　$\tau = RC$

ポイント

(1) 過渡現象

図の回路において，スイッチを①側に閉じた場合を考えます。直流回路の場合，コイル L のインピーダンスは 0 となるため，電流計に流れる電流は $I = \dfrac{V}{R}$ [A] となります。しかし，実際にはスイッチを閉じた瞬間からの一定の時間は，コイルは電流を妨げる様に働きます。また，スイッチを①から②側に閉じた場合もすぐには電流が 0 にはなりません。このように定常状態 (steady state) から，次の定常状態へ移る間の状態変化の過程を過渡現象 (transient phenomena) といいます。

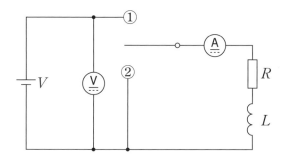

図 6-13　充放電回路

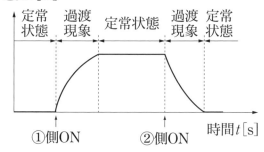

図 6-14　過渡現象

(2) 充電状態（RC 直列回路）

図の RC 直列回路において，スイッチを入れてからの時間 t に対するコンデンサ C の電圧 v_c と電流 i_c（回路を流れる電流）を図 6-16 に示します。

このとき R [Ω]×C [F] の値を時定数 τ [s] (time constant) と呼びます。τ が大きいほどコンデンサの充電速度は遅れます。

202

6.5 過渡現象

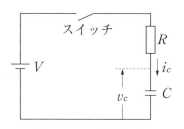

図 6-15　充電回路

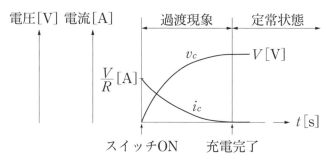

図 6-16　充電時の振る舞い

(3) 放電状態（RC 直列回路）

図の RC 直列回路において，スイッチを①の状態にしてコンデンサを十分に充電した後，スイッチを②側に閉じて放電を行います。

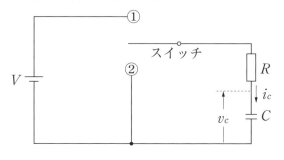

図 6-17　放電回路

このときの過渡現象を図 6-18 に示します。

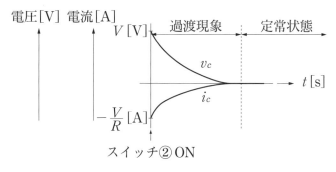

図 6-18　放電時の振る舞い

203

例題 1

図の RC 直列回路において，スイッチを OFF から ON にしたときの過渡現象を表に示す。①から⑨に値を記入して表を完成せよ。

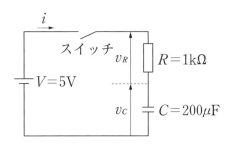

表 6-1

	i [A]	v_C [V]	v_R [V]
スイッチ OFF	①	②	③
スイッチ ON の瞬間	④	⑤	⑥
スイッチ ON 十分に時間が経過	⑦	⑧	⑨

解き方

「スイッチ OFF」と「スイッチ ON（十分に時間が経過）」の場合は安定状態となり，電圧 $V=5V$ の直流回路として扱うことができます。この場合，コンデンサ C のインピーダンスが無限大となるため，電流は流れません。また，スイッチを ON にした瞬間はコンデンサ C のインピーダンスは 0 となり抵抗 R のみの直流回路として扱うことができます。

解答

① 0　② 0　③ 0　④ $\dfrac{V}{R}=\dfrac{5}{1\times 10^3}=0.005$　⑤ 0（充電前）

⑥ 5　$(v_R=V-v_C=V-0=V)$　⑦ 0　$\left(i=\dfrac{V}{R+\infty}=0\right)$

⑧ 5（完全充電時）　⑨ 0　$(v_R=V-v_C=V-V=0)$

例題 2

図の RC 直列回路において，スイッチを①の状態から OFF にした後に②側に ON にしたときの過渡現象を表に示す。表の①から⑨に値を記入して表を完成せよ。

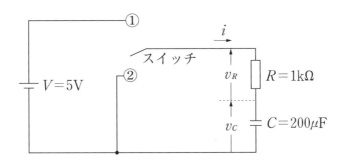

表 6-2

	i [A]	v_C [V]	v_R [V]
スイッチ①側に ON	0	5	0
スイッチ OFF	①	②	③
スイッチ②側に ON の瞬間	④	⑤	⑥
スイッチ②側に ON 十分に時間が経過	⑦	⑧	⑨

解き方

スイッチを①側から OFF にした場合は，コンデンサ C は充電されたままです。そして，この状態からスイッチを②側に ON にすると，コンデンサの電荷は抵抗 R を経由して放電していきます。この時に流れる電流は，ON にした瞬間が最大であり，過渡的に減少し完全放電の状態で 0 となります。

解答

① 0　② 5　③ 0

④ $-\dfrac{V}{R} = -\dfrac{5}{1 \times 10^3} = -0.005$ （矢印の方向と逆に流れます）

⑤ 5（完全充電時）　⑥ -5　⑦ 0　⑧ 0（完全放電時）

⑨ 0

例題 3

図の(1)から(4)の回路において，完全放電状態である各コンデンサに対して，それぞれの回路のスイッチを同時にONにして充電を行った。コンデンサの充電電圧 V_C の上昇が速い順に回路を答えよ。ただし，電源 E，抵抗 R，コンデンサ C の値はいずれも同じとする。

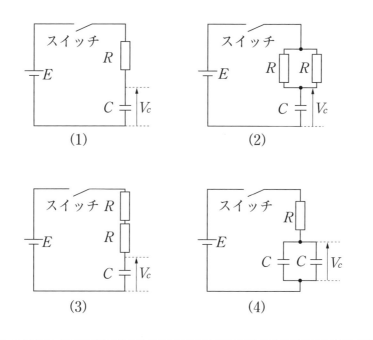

解き方

それぞれの回路を RC 直列回路として考えて，時定数 $\tau=RC$ を求めて比較を行います。時定数 τ が大きいほどコンデンサ C の充電時間は長くなります。

解答

回路(1)から回路(4)の時定数をそれぞれ τ_1, τ_2, τ_3, τ_4 とすると，回路(1)の抵抗は R [Ω]，容量は C [F] なので，$\tau_1=RC$ [s]

回路(2)の合成抵抗は $\dfrac{R\times R}{R+R}=\dfrac{1}{2}R$ [Ω]，容量は C [F] なので，$\tau_2=\dfrac{1}{2}RC$

回路(3)の合成抵抗は $2R$ [Ω]，容量は C [F] なので，$\tau_3=2RC$ [s]

回路(4)の抵抗は R [Ω]，合成容量は $2C$ [F] なので，$\tau_4=2RC$ [s]

各回路の時定数は，$\tau_2<\tau_1<\tau_3=\tau_4$ となります。

したがって，回路(2)，回路(1)，回路(3)，回路(4)の順に充電時間は長くなります（回路(3)と回路(4)は同じです）。

練習問題 31

1 図のグラフは同図 (a) の回路におけるスイッチを入れた後の電圧 V_c の変化を示したものである。図を参照して(1)から(4)に語句や記号を記入し説明を完成せよ。

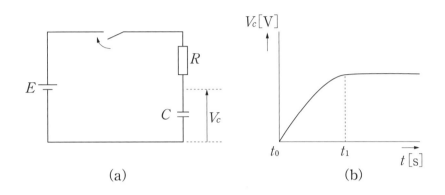

(a)　　　　　(b)

時刻 $t_0 \sim t_1$ の状態を(1)状態,t_1 以降の状態を(2)状態という。また,この回路の時定数は $\tau=$ (3) [s] であり,τ が大きいほどコンデンサ C の充電電圧 V_c の上昇は(4)くなる。

2 図の RC 直列回路において,スイッチを入れてから経過する時間 t に対するコンデンサ C の充電電圧 $V(t)$ は次式で示される。

$$V(t)=E\left(1-e^{-\frac{t}{\tau}}\right) \text{ [V]}$$

(E:電源電圧 [V],t:経過時間 [s],τ:時定数 RC [s])

この式を用いて表の(1)から(6)を求め,結果をグラフに示せ。ただし,自然対数の底である e を 2.7 として計算し,小数点以下第 1 位まで求めよ。

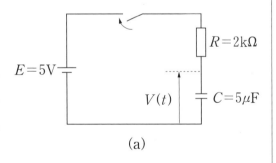

(a)

スイッチを入れてから経過する時間 t [ms]	0	2	5	10	20	40
コンデンサ C の充電電圧 $V(t)$ [V]	(1)	(2)	(3)	(4)	(5)	(6)

(b)

Q&A 6 コンデンサは直流を通すのか

私は,「コンデンサは直流を通さない。また,コイルは交流を通さない。」と思っていました。これは間違いなのでしょうか?

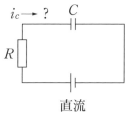
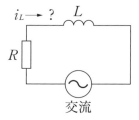

図 コンデンサとコイル

本章で学習した RC 直列回路について,過渡現象のグラフを見てみましょう。

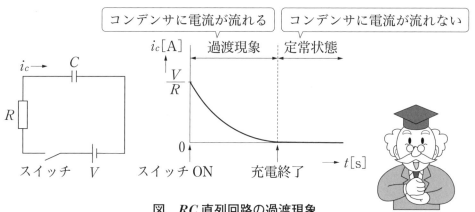

図 RC 直列回路の過渡現象

スイッチをONにした瞬間からコンデンサ C に電流 i_c が流れ始めます。しかし,時間の経過とともに i_c の値は減少していきます。やがてコンデンサの充電が終了する時間になると,i_c の値は0になります。このように,過渡現象が生じている間はコンデンサに直流の電流が流れますが,定常状態ではコンデンサに直流の電流は流れません。つまり,質問にあった「コンデンサは直流を通さない。」というのは,定常状態での振る舞いに当てはまります。同様に,「コイルは交流を通さない。」というのも定常状態での振る舞いに当てはまります。

6.6 微分回路，積分回路

キーワード

RC 直列回路　パルス応答　微分回路　積分回路　時定数　自然対数

ポイント

(1) RC 直列回路のパルス応答

図の RC 直列回路に対して，パルス幅 t_P [s]，周期 T [s] の方形パルス v_i を与えたときの抵抗 R の電位 v_R とコンデンサ C の電位 v_C を波形図に示します。

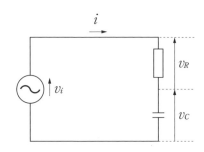

図 6-19　RC 直列回路

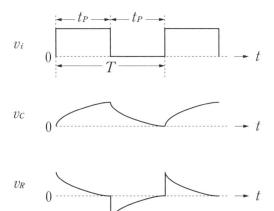

図 6-20　パルス応答

209

(2) 微分回路

RC 直列回路において，入力信号 v_i のパルス幅 t_P に比べて回路の時定数 $\tau = RC$ [s] が十分に小さい場合，v_R は急激に変化して先の尖ったパルスとなります。このパルスは入力 v_i の変化率を表しています。このような回路を微分回路（differentiation circuit）といいます。

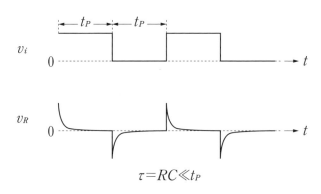

図 6-21　微分回路の応答

(3) 積分回路

RC 直列回路において，入力信号 v_i のパルス幅 t_P に比べて回路の時定数 $\tau = RC$ [s] が十分に大きい場合，コンデンサ C は不完全な状態で充放電を繰り返すことになります。このときのパルス v_C は入力 v_i の時間に対する積分値に比例します。このような回路を積分回路（integration circuit）といいます。

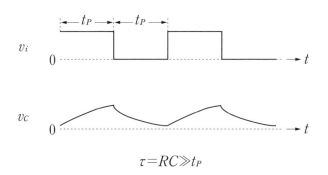

図 6-22　積分回路の応答

6.6 微分回路, 積分回路

例題 1

RC 直列回路に最大電圧 E [V] のパルス v_{IN} を入力したときの出力波形 v_{OUT} を考える。入力 v_{IN} の立ち上がりによってコンデンサ C は充電され、電圧 v_{OUT} は過渡的に大きくなる。このときのコンデンサの充電電圧は最大入力電圧 E [V], 回路の時定数 τ [s], 入力の立ち上がりからの経過時間 t [s], 自然対数の底である $e \fallingdotseq 2.7182$ を用いて以下の式で示される。

$$v_{OUT} = E(1 - e^{-\frac{t}{\tau}}) \text{ [V]}$$

また、入力の立ち下がりによる放電時の電圧は、以下に示される。

$$v_{OUT} = Ee^{-\frac{t}{\tau}} \text{ [V]}$$

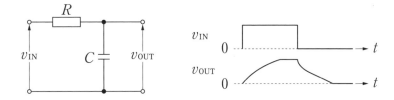

これらを参考にして次の問いに答えよ。

(1) $R = 200 \text{ k}\Omega$, $C = 40 \mu\text{F}$, $E = 12 \text{ V}$ のとき、立ち上がりから 2 秒経過した時の充電電圧 v_{OUT} を求めよ。

(2) $R = 100 \text{ M}\Omega$, $C = 4 \text{ pF}$, $E = 5 \text{ V}$ のとき、立ち下がりから $500 \mu\text{s}$ 経過したときの放電電圧 v_{OUT} を求めよ。

解き方

(1) 回路の時定数 $\tau = RC = 200 \times 10^3 \times 40 \times 10^{-6}$ s, $t = 2$ s, $E = 12$ V, $e \fallingdotseq 2.7182$ を、充電時の式 $v_{OUT} = E(1 - e^{-\frac{t}{\tau}})$ [V] に代入します。

(2) 回路の時定数 $\tau = RC = 100 \times 10^6 \times 4 \times 10^{-12}$ s, $t = 500 \times 10^{-6}$ s, $E = 5$ V, $e \fallingdotseq 2.7182$ を、放電時の式 $v_{OUT} = Ee^{-\frac{t}{\tau}}$ [V] に代入します。

解答

(1) $\tau = RC = 200 \times 10^3 \times 40 \times 10^{-6} = 8$ s, $t = 2$ s, $E = 12$ V, $e \fallingdotseq 2.7182$ を $v_{OUT} = E(1 - e^{-\frac{t}{\tau}})$ [V] に代入し、$v_{OUT} = E(1 - e^{-\frac{t}{\tau}}) = 12 \times (1 - 2.7182^{-\frac{2}{8}}) \fallingdotseq 2.7$ V

(2) $\tau = RC = 100 \times 10^6 \times 4 \times 10^{-12} = 0.0004$ s, $t = 500 \times 10^{-6}$ s, $E = 5$ V, $e \fallingdotseq 2.7182$ を、放電時の式 $v_{OUT} = Ee^{-\frac{t}{\tau}}$ [V] に代入し、$v_{OUT} = Ee^{-\frac{t}{\tau}} = 5 \times 2.7182^{-\frac{500 \times 10^{-6}}{0.0004}} \fallingdotseq 1.4$ V

例題 2

RC 直列回路に方形波を与えた場合，出力電圧が定常電圧の90%に達する時間は 2.3τ [s] である。図の回路と波形を参照して次の問いに答えよ。

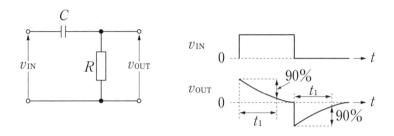

(1) $R=5\,\text{k}\Omega$, $C=4\,\mu\text{F}$ のときの t_1 を求めよ。
(2) $R=5\,\text{k}\Omega$ のとき，t_1 が $2\,\text{ms}$ となる C の値を求めよ。

解き方

(1) $t_1=2.3\tau=2.3\times R\times C$ に $R=5\,\text{k}\Omega=5\times 10^3\,\Omega$, $C=4\,\mu\text{F}=4\times 10^{-6}\,\text{F}$ を代入して求めます。

(2) $t_1=2.3\tau=2.3\times R\times C$ より $C=\dfrac{t_1}{2.3\times R}$，式に $t_1=2\,\text{ms}=2\times 10^{-3}\,\text{s}$, $R=5\,\text{k}\Omega=5\times 10^3\,\Omega$ を代入して求めます。

解答

(1) $t_1=2.3\tau=2.3\times R\times C=2.3\times 5\times 10^3\times 4\times 10^{-6}=0.046\doteqdot 46\,\text{ms}$

(2) $C=\dfrac{t_1}{2.3\times R}=\dfrac{2\times 10^{-3}}{2.3\times 5\times 10^3}\doteqdot 0.17\times 10^{-6}\,\text{F}=0.17\,\mu\text{F}$

例題 3

図の (a), (b) の RC 直列回路の入力に図 (c) のパルス波 v_i を入力した場合を考え，次の問いに答えよ。

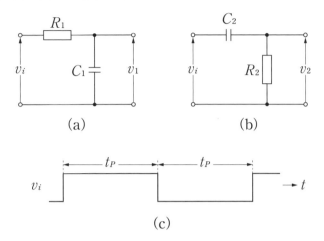

(a)　　　　　　(b)

(c)

(1) 回路 (a) の出力 v_1 を示している波形図を次の (d) と (e) より選択せよ。
(2) 回路 (b) の出力 v_2 を示している波形図を次の (d) と (e) より選択せよ。
(3) 回路 (a) について，その働きより回路名を示し，入力パルス幅 t_P に対する時定数 τ の条件を示せ。
(4) 回路 (b) について，その働きより回路名を示し，入力パルス幅 t_P に対する時定数 τ の条件を示せ。

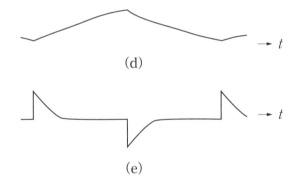

(d)

(e)

解答

(1) d　　(2) e　　(3) 積分回路　$\tau \gg t_P$
(4) 微分回路　$\tau \ll t_P$

練習問題 32

1 図の RC 直列回路の入力に方形波を与えたとき,入力が変化してから出力が入力の90%に達するまでの時間は $T=2.3\tau$ [s] となる。図を参照して次の問いに答えよ。

(1) $R=230\,\Omega$, $C=6\,\mu\mathrm{F}$ のとき,τ および T を求めよ。

(2) $R=12\,\mathrm{k}\Omega$, $C=8\,\mathrm{pF}$ のとき,τ および T を求めよ。

(3) $R=6\,\mathrm{M}\Omega$, $C=12\,\mathrm{pF}$ のとき,τ および T を求めよ。

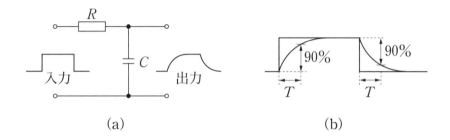

(a)　　　　　　　　　　(b)

2 図の回路にパルス幅 t_P の方形波を与えた。この回路の時定数 τ と t_P との間に $t_P > \dfrac{\tau}{30}$ の関係が成立するとき,この回路は微分回路と見なされる。このことより,この回路が微分回路になるには,次の R, C の値をどのようにすればよいか。

ただし,$t_P=6\,\mu\mathrm{s}$ とする。

(1) $C=12\,\mathrm{pF}$ のときの R の値

(2) $R=5\,\mathrm{k}\Omega$ のときの C の値

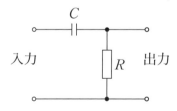

練習問題の解答

1章　直流回路の基礎

練習問題1

1 電子1個につき 1.60×10^{-19} C の電荷を運ぶことができるので，
$Q=10$ C の電荷を運ぶために必要な電子の数 n は
$$n=\frac{10}{1.60\times10^{-19}}=6.25\times10^{19}\text{ 個}$$

2 電子1個が運ぶ電荷は 1.60×10^{-19} C なので
$$\begin{aligned}Q&=1.60\times10^{-19}\times n\\&=1.60\times10^{-19}\times5\times10^{20}\\&=80\text{ C}\end{aligned}$$

3 $I=\dfrac{Q}{t}=\dfrac{0.2}{200\times10^{-3}}=1$ A

4 $Q=It=50\times3\times60$
　　$=9000$ C

5 1秒当たりに移動する電荷は
　　$Q=It=4\times1=4$ C
Q を運ぶために必要な電子の個数は，
$$n=\frac{Q}{1.60\times10^{-19}}=\frac{4}{1.60\times10^{-19}}$$
　　$=2.5\times10^{19}$ 個

6 1秒間に移動する電子の個数
$$n=\frac{15000\times10^8}{0.2}=7.5\times10^{12}\text{ 個}$$
$\begin{aligned}Q&=1.60\times10^{-19}n\\&=1.60\times10^{-19}\times7.5\times10^{12}\\&=1.20\times10^{-6}\text{ C}\\&=1.20\times10^{-6}\text{ A }(1.20\,\mu\text{A})\end{aligned}$

7 +1Cの電荷の移動に1Jのエネルギーが必要なときの電位は1Vなので，
P点の電位 $V_P=\dfrac{W}{Q}=\dfrac{50}{2}=25$ V

練習問題2

1 電流は電位の高い方から低い方へと流れます。

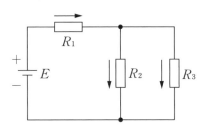

2

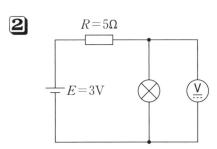

3 (1)　0.4 [A] $=0.4\times10^3\times10^{-3}$ A
　　　　　　$=400$ mA

(2)　2500 [μA] $=2500\times10^{-6}$ A
　　　　　　$=2.5\times10^{-3}$ A
　　　　　　$=2.5$ mA

(3)　2700 [V] $=2.7\times10^3$ V
　　　　　　$=2.7$ kV

(4)　0.5 [mV] $=0.5\times10^{-3}$ V
　　　　　　$=0.0005$ V

(5)　20 [MΩ] $=20\times10^6$ Ω
　　　　　　$=20000000$ Ω

(6)　750 [kΩ] $=750\times10^3$ Ω
　　　　　　$=0.75\times10^6$ Ω
　　　　　　$=0.75$ MΩ

4 A：$1.5+3=4.5$ V
　　B：$1.5+4=5.5$ V
C：$0-1=-1$ V
D：$0-2=-2$ V

練習問題3

1 (1) $E = V = IR = 5 \times 4 = 20$ V

(2) $R = \dfrac{V}{I} = \dfrac{E}{I} = \dfrac{5}{2 \times 10^{-3}}$
$= 2.5 \times 10^3 = 2.5$ kΩ

(3) $I = \dfrac{V}{R} = \dfrac{E}{R} = \dfrac{1.5}{1 \times 10^3} = 1.5 \times 10^{-3}$
$= 1.5$ mA

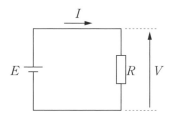

2 オームの法則より $I = \dfrac{V}{R}$，V は 20 V 一定なので $I = \dfrac{20}{R}$，

式の R に表の値を代入して I を求めます。

R 〔Ω〕	2	4	6	8	10
I 〔A〕	10	5	3.3	2.5	2

(b)

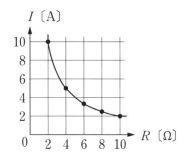

3 R_1 と R_2 に加わる電圧（両端の電圧）はいずれも $E = 5$ V です。R_1 と R_2 それぞれの抵抗についてオームの法則を適用します。

$I_1 = \dfrac{E}{R_1} = \dfrac{5}{100} = 0.05 = 50 \times 10^{-3}$
$= 50$ mA

$I_2 = \dfrac{E}{R_2} = \dfrac{5}{50} = 0.1 = 100 \times 10^{-3}$
$= 100$ mA

練習問題4

1 (1) $R = 10 + 20 = 30$ Ω

(2) $R = 10 + 20 + 30 = 60$ Ω

(3) $R = \dfrac{10 \times 20}{10 + 20} \fallingdotseq 6.67$ Ω

(4) $R = \dfrac{1}{\dfrac{1}{10} + \dfrac{1}{20} + \dfrac{1}{40}}$
$= \dfrac{40}{4 + 2 + 1} = \dfrac{40}{7} \fallingdotseq 5.71$ Ω

(5) $R = 10 + \dfrac{20 \times 40}{20 + 40} = \dfrac{70}{3} \fallingdotseq 23.3$ Ω

(6) $R = \dfrac{40 \times (10 + 20)}{40 + (10 + 20)} = \dfrac{120}{7} \fallingdotseq 17.1$ Ω

2 (1) $R = R_1 + \dfrac{R_2 R_3}{R_2 + R_3} = 5 + \dfrac{2 \times 4}{2 + 4}$
$= \dfrac{19}{3} \fallingdotseq 6.33$ Ω

(2) $I = \dfrac{E}{R} = \dfrac{10}{\dfrac{19}{3}} = \dfrac{30}{19} \fallingdotseq 1.58$ A

(3) $V_1 = I_1 R_1 = \dfrac{30}{19} \times 5 = \dfrac{150}{19} \fallingdotseq 7.89$ V

$V_2 = V_3 = E - V_1$
$= 10 - \dfrac{150}{19} = \dfrac{40}{19} \fallingdotseq 2.11$ V

(4) $I_1 = \dfrac{30}{19} \fallingdotseq 1.58$ A

$I_2 = \dfrac{V_2}{R_2} = \dfrac{\dfrac{40}{19}}{2} = \dfrac{20}{19} \fallingdotseq 1.05$ A

$I_3 = \dfrac{V_3}{R_3} = \dfrac{\dfrac{40}{19}}{4} = \dfrac{10}{19} \fallingdotseq 0.53$ A

3 (1) $R = \dfrac{R_3 \times (R_1 + R_2)}{R_3 + (R_1 + R_2)} = \dfrac{10 \times (4 + 6)}{10 + (4 + 6)}$
$= \dfrac{100}{20} = 5$ Ω

(2) $I = \dfrac{E}{R} = \dfrac{10}{5} = 2$ A

(3) $I_1 = I_2 = \dfrac{E}{R_1 + R_2} = \dfrac{10}{4+6} = 1$ A

$I_3 = \dfrac{E}{R_3} = \dfrac{10}{10} = 1$ A

(4) $V_1 = I_1 R_1 = 1 \times 4 = 4$ V

$V_2 = I_2 R_2 = 1 \times 6 = 6$ V

$V_3 = E = 10$ V

練習問題5

1 分流器の倍率

$$m = 1 + \dfrac{r_a}{R_s} = 1 + \dfrac{1}{0.2} = 6$$

$I = m I_a = 6 \times 5\text{m} = 30$ mA

2 倍率器の倍率

$$n = 1 + \dfrac{R_m}{r_v} = 1 + \dfrac{100 \times 10^3}{1 \times 10^3} = 101$$

$V = n V_v = 101 \times 0.1 = 10.1$ V

3 分流器の倍率

$$m = \dfrac{測定電流値}{電流計の最大目盛} = \dfrac{20}{100 \times 10^{-3}}$$

$= 200$

$m = 1 + \dfrac{r_a}{R_s}$, 電流計の内部抵抗 $r_a = 2$ Ω

より

$$R_s = \dfrac{r_a}{m-1} = \dfrac{2}{200-1} \fallingdotseq 0.01 \text{ Ω}$$

4 倍率器の倍率

$$n = \dfrac{測定電圧値}{電圧計の最大目盛} = \dfrac{50}{1} = 50$$

$n = 1 + \dfrac{R_m}{r_v}$, 電圧計の内部抵抗 $r_v = 4$ kΩ

より

$R_m = (n-1) r_v = (50-1) \times 4\text{k}$

$= 196$ kΩ

5 電流計の内部抵抗 r_a と電圧計の内部抵抗 r_v とを考慮した回路を示します。

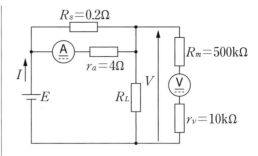

電流計の倍率 $m = 1 + \dfrac{r_a}{R_s} = 1 + \dfrac{4}{0.2} = 21$

$I = m \times 50\text{ mA} = 21 \times 50 \times 10^{-3}$

$= 1.05$ A

電圧計の倍率 $n = 1 + \dfrac{R_m}{r_v}$

$= 1 + \dfrac{500\text{k}}{10\text{k}} = 51$

$V = n \times 5$ V $= 51 \times 5 = 255$ V

練習問題6

1 $R = \rho \dfrac{l}{A}$ [Ω] の式に, 導線の抵抗率 ρ [Ω・m], 長さ l [m], 断面積 A [m²] を代入します。

$R = \rho \dfrac{l}{A} = 1.77 \times 10^{-8} \times 100 \div (10 \times 10^{-6})$

$= 0.177$ Ω

2 導電率 $\sigma = \dfrac{1}{抵抗率 \rho} = \dfrac{1}{8.4 \times 10^{-8}}$

$\fallingdotseq 11.9 \times 10^6$ S/m

3 抵抗率 $\rho = 1.77 \times 10^{-8}$ Ω・m, 長さ $l = 1$ km $= 1000$ m,

断面積 $A = \dfrac{25}{2} \times 10^{-3} \times \dfrac{25}{2} \times 10^{-3} \times \pi$

$= 156.25\pi \times 10^{-6}$ m²

$R = \rho \dfrac{l}{A} = 1.77 \times 10^{-8} \times \dfrac{1000}{156.25\pi \times 10^{-6}}$

$\fallingdotseq 36.1$ mΩ

4 $T = 150$ ℃ のときの抵抗値を R_{150}, $t = 20$ ℃ のときの抵抗値と温度係数をそれぞれ R_{20}, a_{20} とし, 式 $R_T = R_t + a_t(T-t)R_t$

に代入します。
$$R_{150}=R_{20}+\alpha_{20}(150-20)R_{20}$$
$$=10+0.008\times(150-20)\times 10$$
$$=20.4\,\Omega$$

5 式 $R_T=R_t+\alpha_t(T-t)R_t$ より
$$\alpha_t=\frac{(R_T-R_t)}{(T-t)R_t}$$

$T=100$℃のときの抵抗値を R_{100}, $t=25$℃のときの抵抗値と温度係数をそれぞれ R_{25}, α_{25} として代入します。
$$\alpha_{25}=\frac{(R_{100}-R_{25})}{(100-25)R_{25}}=\frac{(70-50)}{(100-25)\times 50}$$
$$\fallingdotseq 0.00533\,℃^{-1}$$

6 鉄線の合計長は，20 m であり，20 m の鉄線と 500 m のアルミ線の直列抵抗を考えます。断面積は，
$$A=(10\times 10^{-3})^2\pi=100\times 10^{-6}\pi\,[\mathrm{m}^2]$$

(1) 25℃のとき
$$R_{25}(鉄)=\rho\frac{l}{A}=9.8\times 10^{-8}\times\frac{20}{100\times 10^{-6}\pi}$$

$$R_{25}(アルミ)=\rho\frac{l}{A}$$
$$=2.75\times 10^{-8}\times\frac{500}{100\times 10^{-6}\pi}$$

導線の抵抗
$$R_{25}=R_{25}(鉄)+R_{25}(アルミ)$$
$$=9.8\times 10^{-8}\times\frac{20}{100\times 10^{-6}\pi}+2.75\times 10^{-8}$$
$$\times\frac{500}{100\times 10^{-6}\pi}\fallingdotseq 0.05\,\Omega$$

(2) 100℃のとき
$$R_{100}=R_{25}+(100-25)R_{25}$$
$$=R_{25}(1+\alpha_{25}(100-25))$$

すなわち抵抗値は 25℃の時に比べて $1+\alpha_{25}(100-25)$ 倍となります。

このことより，
鉄の場合は，$1+6.6\times 10^{-3}\times(100-25)=1.495$ 倍
アルミの場合は，$1+4.2\times 10^{-3}\times(100-25)=1.315$ 倍

これらのことより 100℃のときの導線の抵抗値は，
$$R_{100}=1.495\times R_{25}(鉄)+1.315\times R_{25}(アルミ)$$
$$=1.495\times\frac{9.8\times 10^{-8}\times 20}{100\times 10^{-6}\pi}+1.315\times$$
$$\frac{2.75\times 10^{-8}\times 500}{100\times 10^{-6}\pi}\fallingdotseq 0.067\,\Omega$$

練習問題7

1 回路全体の抵抗 $R=R_L+r=20+0.5=20.5\,\Omega$，起電力 $E=5$ V より
$$I=\frac{V}{R}=\frac{5}{20.5}\fallingdotseq 244\,\mathrm{mA}$$

電池の内部抵抗による電圧降下は Ir，電池の端子電圧 $V=E-Ir$ に値を代入して，
$$V=E-Ir=5-\frac{5}{20.5}\times 0.5=4.88\,\mathrm{V}$$

2 (1) 起電力の総和 $V=mE=1.5\times 4=6$ V，抵抗値の総和 $R=mr+R_L=0.2\times 4+5=5.8\,\Omega$　電流 $I=\frac{V}{R}=\frac{6}{5.8}\fallingdotseq 1.03\,\mathrm{A}$

(2) 電池の端子電圧 $V_1=E-Ir=1.5-\frac{6}{5.8}\times 0.2\fallingdotseq 1.29\,\mathrm{V}$

(3) $V_{RL}=IR_L=\frac{6}{5.8}\times 5\fallingdotseq 5.17\,\mathrm{V}$

3 (1) 起電力 $V=E=1.5$ V，抵抗値の総和 $R=\frac{r}{n}+R_L=\frac{1}{4}+5=5.25\,\Omega$，流れる電流は，$I=\frac{V}{R}=\frac{1.5}{5.25}\fallingdotseq 286\,\mathrm{mA}$

(2) $V_{RL}=IR_L=\frac{1.5}{5.25}\times 5\fallingdotseq 1.43\,\mathrm{V}$

(3) 電池の端子電圧 $V_{RL}=E-I_1 r$ より，
$$I_1=\frac{E-V_{RL}}{r}=\frac{1.5-\frac{1.5}{5.25}\times 5}{1}\fallingdotseq 71.4\,\mathrm{mA}$$

4 $W=IH$ より $H=\frac{W}{I}=\frac{50}{5}=10\,\mathrm{h}$（時間）

5 図のように電池の内部抵抗を考えます。

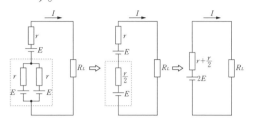

回路全体の起電力 V は，$E+E=2E=4$ V

回路全体の合成抵抗 R は，$r+\dfrac{r}{2}+R_L=0.2+\dfrac{0.2}{2}+5=5.3$ Ω

回路を流れる電流 I は $\dfrac{V}{R}=\dfrac{4}{5.3}≒755$ mA

2章　直流回路の計算

練習問題8

1 図のように考えてキルヒホッフの式を立てます。

電流則　$I_2 = I_1 + I_3$ ……①

ループ①について

$E = I_2 R_2 + I_1 R_1$ なので

$10 = 3I_2 + 2I_1$ ……②

ループ②について

$E = I_2 R_2 + I_3 R_3$ なので

$10 = 3I_2 + 6I_3$ ……③

②に①を代入して I_1 を消去します。

$10 = 3I_2 + 2(I_2 - I_3)$
$\quad = 5I_2 - 2I_3$ ……④

③と④の連立方程式を解きます。

$30 = 15I_2 - 6I_3$ ……⑤

③と⑤を足して

$10 + 30 = 3I_2 + 6I_3 + 15I_2 - 6I_3$

$\quad 40 = 18I_2$

$\therefore\ I_2 = \dfrac{20}{9} \fallingdotseq 2.22\,\mathrm{A}$

I_2 を③に代入して I_3 を求めます。

$10 = 3 \times \dfrac{20}{9} + 6I_3$

$\therefore\ I_3 = \dfrac{10 - \dfrac{20}{3}}{6} = \dfrac{5}{9} \fallingdotseq 0.56\,\mathrm{A}$

I_2 と I_3 を①に代入して

$I_1 = I_2 - I_3 = \dfrac{20}{9} - \dfrac{5}{9} = \dfrac{5}{3} \fallingdotseq 1.67\,\mathrm{A}$

電圧 V は抵抗 R_3 の電圧降下なので

$V = I_3 R_3 = \dfrac{5}{9} \times 6 = \dfrac{10}{3} \fallingdotseq 3.33\,\mathrm{V}$

2 図のように閉回路①，②を流れる電流の向きを仮定してキルヒホッフの式を立てます。

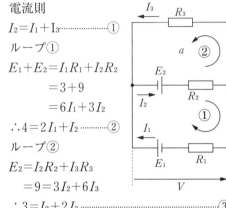

電流則

$I_2 = I_1 + I_3$ ……①

ループ①

$E_1 + E_2 = I_1 R_1 + I_2 R_2$
$\qquad = 3 + 9$
$\qquad = 6I_1 + 3I_2$

$\therefore\ 4 = 2I_1 + I_2$ ……②

ループ②

$E_2 = I_2 R_2 + I_3 R_3$
$\quad = 9 = 3I_2 + 6I_3$

$\therefore\ 3 = I_2 + 2I_3$ ……③

①より　$I_1 = I_2 - I_3$ ……④

④を②に代入して

$4 = 2(I_2 - I_3) + I_2 = 3I_2 - 2I_3$ ……⑤

③と⑤の連立方程式を解きます。

③に⑤を加えて

$3 + 4 = I_2 + 2I_3 + 3I_2 - 2I_3 = 7 = 4I_2$

$\therefore\ I_2 = \dfrac{7}{4} = 1.75\,\mathrm{A}$

I_2 を③に代入して

$3 = \dfrac{7}{4} + 2I_3$

$\therefore\ I_3 = \dfrac{3 - \dfrac{7}{4}}{2} = \dfrac{5}{8} \fallingdotseq 0.63\,\mathrm{A}$

$I_2,\ I_3$ を④に代入して

$I_1 = \dfrac{7}{4} - \dfrac{5}{8} = \dfrac{9}{8} \fallingdotseq 1.13\,\mathrm{A}$

電圧 V は抵抗 R_3 の電圧降下なので

$V = I_3 R_3 = \dfrac{5}{8} \times 6 = \dfrac{15}{4} = 3.75\,\mathrm{V}$

3 図の回路のループ①と②についてキルヒホッフの式を立てます。

221

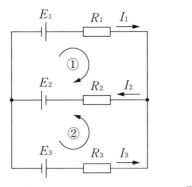

電流則　$I_1+I_3=I_2$ ……………………①
ループ①
$E_1+E_2=I_1R_1+I_2R_2=3+6.2=4I_1+2I_2$
∴ $23=10I_1+5I_2$ ……………………②
ループ②
$E_2+E_3=I_2R_2+I_3R_3=6.2+3=2I_2+4I_3$
∴ $23=5I_2+10I_3$ ……………………③
①より $I_1=I_2-I_3$ ……………………④
②に④を代入して
$23=10(I_2-I_3)+5I_2=15I_2-10I_3$ ……⑤
③に⑤を加えて
$46=20I_2$
∴ $I_2=\dfrac{46}{20}=\dfrac{23}{10}=2.3\,\mathrm{A}$

I_2を②に代入して
$23=10I_1+5\times\dfrac{23}{10}$

∴ $I_1=\dfrac{23-\dfrac{23}{2}}{10}=\dfrac{23}{20}=1.15\,\mathrm{A}$

I_1とI_2を①に代入して
$1.15+I_3=2.3$
∴ $I_3=1.15\,\mathrm{A}$

4 回路を整理して図のように考えます。

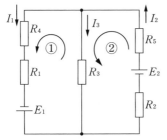

キルヒホッフの電流則を適用します。
$I_2=I_1+I_3$
∴ $I_3=I_2-I_1=5-3=2\,\mathrm{A}$
ループ①でキルヒホッフの電圧則を適用します。
$E_1=I_1(R_1+R_4)-I_3R_3$
　　$=3(2+3)-2\times 4=7\,\mathrm{V}$
ループ②でキルヒホッフの電圧則を適用します。
$E_2=I_2(R_2+R_5)+I_3R_3$
　　$=5(6+1)+2\times 4=43\,\mathrm{V}$

練習問題9

1 図のように考え，合成抵抗を求めます。

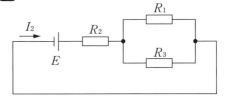

$R=R_2+\dfrac{R_1R_3}{R_1+R_3}=3+\dfrac{2\times 6}{2+6}=4.5\,\Omega$

$I_2=\dfrac{E}{R}=\dfrac{10}{4.5}=\dfrac{20}{9}\fallingdotseq 2.22\,\mathrm{A}$

$I_1=\dfrac{R_3}{R_1+R_3}I_2=\dfrac{6}{2+6}\times\dfrac{20}{9}=\dfrac{5}{3}\fallingdotseq 1.67\,\mathrm{A}$

$I_3=\dfrac{R_1}{R_1+R_3}I_2=\dfrac{2}{2+6}\times\dfrac{20}{9}=\dfrac{5}{9}\fallingdotseq 0.56\,\mathrm{A}$

本問題は**練習問題8 1**に類似するものです。

2 図のようにE_1単独の回路とE_2単独の回路を考えます。

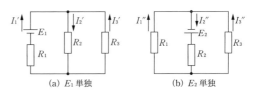

E_1単独の回路について
回路全体の合成抵抗
$R'=R_1+\dfrac{R_2R_3}{R_2+R_3}=6+\dfrac{3\times 6}{3+6}=8\,\Omega$

$I_1' = \dfrac{E_1}{R'} = \dfrac{3}{8}$ A

$I_2' = \dfrac{R_3}{R_2+R_3} I_1' = \dfrac{6}{3+6} \times \dfrac{3}{8} = \dfrac{1}{4}$ A

$I_3' = -\dfrac{R_2}{R_2+R_3} I_1' = -\dfrac{3}{3+6} \times \dfrac{3}{8} = -\dfrac{1}{8}$ A

（方向が I_1' と逆なので負）

E_2 単独の回路について
回路全体の合成抵抗

$R'' = R_2 + \dfrac{R_1 R_3}{R_1+R_3} = 3 + \dfrac{6\times 6}{6+6} = 6$ Ω

$I_2'' = \dfrac{E_2}{R''} = \dfrac{9}{6} = \dfrac{3}{2}$ A

$I_1'' = \dfrac{R_3}{R_1+R_3} I_2'' = \dfrac{6}{6+6} \times \dfrac{3}{2} = \dfrac{3}{4}$ A

$I_3'' = \dfrac{R_1}{R_1+R_3} I_2'' = \dfrac{6}{6+6} \times \dfrac{3}{2} = \dfrac{3}{4}$ A

$I_1 = I_1' + I_1'' = \dfrac{3}{8} + \dfrac{3}{4} = \dfrac{9}{8} \fallingdotseq 1.13$ A

$I_2 = I_2' + I_2'' = \dfrac{1}{4} + \dfrac{3}{2} = \dfrac{7}{4} = 1.75$ A

$I_3 = I_3' + I_3'' = -\dfrac{1}{8} + \dfrac{3}{4} = \dfrac{5}{8} \fallingdotseq 0.63$ A

V は R_3 の電圧降下なので

$V = I_3 R_3 = \dfrac{5}{8} \times 6 = \dfrac{15}{4} = 3.75$ V

本問題は**練習問題8 2**と同じものです。

3 図のように各電源が単独に存在する場合を考えます。

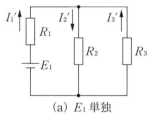

(a) E_1 単独

E_1 単独の回路の場合
合成抵抗

$R' = R_1 + \dfrac{R_2 R_3}{R_2+R_3} = 4 + \dfrac{2\times 4}{2+4} = \dfrac{16}{3}$ Ω

$I_1' = \dfrac{E_1}{R'} = \dfrac{3}{\dfrac{16}{3}} = \dfrac{9}{16}$ A

$I_2' = \dfrac{R_3}{R_2+R_3} I_1' = \dfrac{4}{2+4} \times \dfrac{9}{16} = \dfrac{3}{8}$ A

$I_3' = -\dfrac{R_2}{R_2+R_3} I_1' = -\dfrac{2}{2+4} \times \dfrac{9}{16}$

$= -\dfrac{3}{16}$ A

（I_1' と方向が逆なので負）

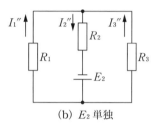

(b) E_2 単独

E_2 単独の回路の場合
合成抵抗

$R'' = R_2 + \dfrac{R_1 R_3}{R_1+R_3} = 2 + \dfrac{4\times 4}{4+4} = 4$ Ω

$I_2'' = \dfrac{E_2}{R''} = \dfrac{6.2}{4} = \dfrac{31}{20}$ A

$I_1'' = \dfrac{R_3}{R_1+R_3} I_2'' = \dfrac{4}{4+4} \times \dfrac{31}{20} = \dfrac{31}{40}$ A

$I_3'' = \dfrac{R_1}{R_1+R_3} I_2'' = \dfrac{4}{4+4} \times \dfrac{31}{20} = \dfrac{31}{40}$ A

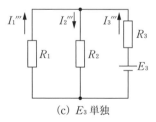

(c) E_3 単独

E_3 単独の回路の場合
合成抵抗

$R''' = R_3 + \dfrac{R_1 R_2}{R_1+R_2} = 4 + \dfrac{4\times 2}{4+2} = \dfrac{16}{3}$ Ω

$I_3''' = \dfrac{E_3}{R'''} = \dfrac{3}{\dfrac{16}{3}} = \dfrac{9}{16}$ A

$$I_1''' = -\frac{R_2}{R_1+R_2}I_3''' = -\frac{2}{4+2}\times\frac{9}{16}$$

$$= -\frac{3}{16}\,\text{A}\quad(I_3'''と方向が逆なので負)$$

$$I_2''' = \frac{R_1}{R_1+R_2}I_3''' = \frac{4}{4+2}\times\frac{9}{16} = \frac{3}{8}\,\text{A}$$

$$I_1 = I_1' + I_1'' + I_1''' = \frac{9}{16} + \frac{31}{40} - \frac{3}{16}$$

$$= 1.15\,\text{A}$$

$$I_2 = I_2' + I_2'' + I_2''' = \frac{3}{8} + \frac{31}{20} + \frac{3}{8} = 2.3\,\text{A}$$

$$I_3 = I_3' + I_3'' + I_3''' = -\frac{3}{16} + \frac{31}{40} + \frac{9}{16}$$

$$= 1.15\,\text{A}$$

本問題は **練習問題8** ③ と同じです。

練習問題10

① 図に示す R_1 を取り除いた状態についてテブナンの定理を適用します。

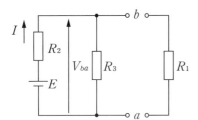

回路を流れる電流 I は

$$I = \frac{E}{R_2+R_3} = \frac{10}{3+6} = \frac{10}{9}\,\text{A}$$

a, b 間の電圧 V_{ba} は

$$V_{ba} = E - IR_2 = 10 - \frac{10}{9}\times 3 = \frac{20}{3}\,\text{V}$$

a, b 間の合成抵抗 R_i は

$$R_i = \frac{R_2 R_3}{R_2+R_3} = \frac{3\times 6}{3+6} = 2\,\Omega$$

テブナンの定理より R_1 を流れる電流 I_1 は

$$I_1 = \frac{V_{ab}}{R_1+R_i} = \frac{\frac{20}{3}}{2+2} = \frac{5}{3} \fallingdotseq 1.67\,\text{A}$$

$$V = I_1 R_1 = \frac{5}{3}\times 2 = \frac{10}{3} \fallingdotseq 3.33\,\text{V}$$

$$I_3 = \frac{V}{R_3} = \frac{\frac{10}{3}}{6} = \frac{5}{9} \fallingdotseq 0.56\,\text{A}$$

$$I_2 = I_1 + I_3 = \frac{5}{3} + \frac{5}{9} = \frac{20}{9} \fallingdotseq 2.22\,\text{A}$$

本問題は **練習問題8** ① と同じものです。

② 図の R_3 を取り除いた回路を考え、テブナンの定理を適用します。

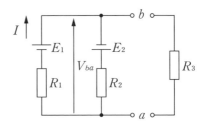

$$I = \frac{E_1+E_2}{R_1+R_2} = \frac{3+9}{6+3} = \frac{4}{3}\,\text{A}$$

$$V_{ba} = E_1 - IR_1 = 3 - \frac{4}{3}\times 6 = -5\,\text{V}$$

合成抵抗 $R_i = \dfrac{R_1 R_2}{R_1+R_2} = \dfrac{6\times 3}{6+3} = 2\,\Omega$

テブナンの定理より R_3 を流れる電流 I_3 は

$$I_3 = -\frac{V_{ba}}{R_3+R_i} = -\frac{-5}{6+2} = \frac{5}{8} \fallingdotseq 0.63\,\text{A}$$

（I と向きが逆なので負）

$$V = I_3 R_3 = \frac{5}{8}\times 6 = \frac{15}{4} = 3.75\,\text{V}$$

$$I_2 = \frac{E_2 - V}{R_2} = \frac{9-\frac{15}{4}}{3} = \frac{7}{4} = 1.75\,\text{A}$$

$$I_1 = \frac{E_1 + V}{R_1} = \frac{3+\frac{15}{4}}{6} = \frac{9}{8} \fallingdotseq 1.13\,\text{A}$$

本問題は **練習問題8** ② と同じものです。

③ 図のように R_1 を引き出した回路を考えてテブナンの定理を適用します。

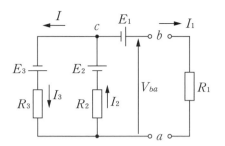

R_1を取り除いたときに回路を流れる電流Iは，

$$I = \frac{E_2 + E_3}{R_2 + R_3} = \frac{6.2 + 3}{2 + 4} = \frac{23}{15} \text{A}$$

取り外したR_1側の端子a, bから見た電圧V_{ba}は

$$V_{ba} = E_1 + E_2 - IR_2$$
$$= 3 + 6.2 - \frac{23}{15} \times 2 = \frac{92}{15} \text{V}$$

取り外したR_1側の端子a, bから見た回路の合成抵抗R_iは

$$R_i = \frac{R_2 R_3}{R_2 + R_3} = \frac{2 \times 4}{2 + 4} = \frac{4}{3} \Omega$$

テブナンの定理よりR_1を流れる電流I_1は

$$I_1 = \frac{V_{ba}}{R_1 + R_i} = \frac{\frac{92}{15}}{4 + \frac{4}{3}} = \frac{23}{20} = 1.15 \text{A}$$

図のa, c間の電圧をV_{ca}として
$$V_{ca} = I_1 R_1 - E_1 = 1.15 \times 4 - 3 = 1.6 \text{V}$$
$$I_2 = \frac{E_2 - V_{ca}}{R_2} = \frac{6.2 - 1.6}{2} = 2.3 \text{A}$$
$$I_3 = \frac{V_{ca} + E_3}{R_3} = \frac{1.6 + 3}{4} = 1.15 \text{A}$$

本問題は**練習問題8** **3**と同じものです。

練習問題11

1 (1) 微弱な電流　(2) 流れない
(3) 等しい　　　(4) 平衡状態
(5) $R_1 R_3 = R_2 R_4$

2 ブリッジの平行条件$R_1 R_3 = R_2 R_4$より
$$R_4 = \frac{R_1 R_3}{R_2} = \frac{10\text{k} \times 200}{6\text{k}} = \frac{1000}{3}$$
$$\fallingdotseq 333 \Omega$$

3 (1) 図のように考えます。
抵抗分圧により，d点の電位V_d，b点の電位V_bを求めます。

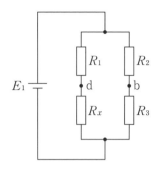

$$V_d = \frac{R_x}{R_1 + R_x} E = \frac{150}{4000 + 150} E$$
$$= \frac{3}{83} E \text{ [V]}$$

$$V_b = \frac{R_3}{R_2 + R_3} E = \frac{200}{3000 + 200} E$$
$$= \frac{1}{16} E \text{ [V]}$$

$V_b > V_d$なので，点bから点dに向かって電流が流れます。

(2) ブリッジの平衡条件より
$$R_1 R_3 = R_2 R_x$$
$$\therefore R_x = \frac{R_1 R_3}{R_2} = \frac{200 \times 25}{100} = 50 \Omega$$

4 (1) 0 V
(2) 図のように考えます。

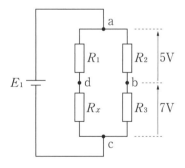

電源電圧Eはa-b間の電位差とb-c間の電位差を加えたものです。したがって$E = 5 + 7 = 12 \text{V}$，ブリッジが平衡しているの

で，a-d 間の電位差＝a-b 間の電位差＝5 V，d-c 間の電位差＝b-c 間の電位差＝7 V

練習問題12

1 (1) ジュールの法則より $W=I^2Rt=4^2 \times 3 \times 20 \times 60=57600$ J $=57.6$ kJ

(2) $H=0.24W=0.24 \times 57600=13824$ cal
800 cc の水の重量は，800 g なので，
温度上昇は $\frac{13824}{800}=17.28$ ℃

(3) 57.6 kJ $=57.6$ kW·s

2 $P=IV$ より $I=\frac{P}{V}=\frac{30}{100}=0.3$ A

$P=I^2R$ より

$R=\frac{P}{I^2}=\frac{30}{0.3^2}=\frac{1000}{3}\fallingdotseq 333$ Ω

3 電力量 W[W·h]＝電力 P[W]×時間 t[h]なので，

電球 3 個分の電力量
$=3\times 60\times 10=1800$ W·h

こたつの電力量
$=400\times 6=2400$ W·h

アイロンの電力量
$=500\times 1=500$ W·h

合計の電力量
$=1800+2400+500=4700$ W·h $=4.7$ kW·h

4 回路に流れる電流 I は

$I=\frac{E}{R}=\frac{12}{5}$ A

ジュールの法則より

発熱量 $H=I^2Rt=\left(\frac{12}{5}\right)^2\times 5\times 20\times 60$

$=34560$ J

単位を cal に直して，$0.24\times 34560=8294.4$ cal

水 2ℓ は 2000 g，温度上昇は $90-10=80$ ℃ なので必要な熱量は，

$2000\times 80=160000$ cal $=\frac{160000}{0.24}$ J

$=\frac{2000000}{3}$ J

$H=I^2Rt$ より

$t=\frac{H}{I^2R}=\frac{\frac{2000000}{3}}{\left(\frac{12}{5}\right)^2\times 5}=\frac{625000}{27}$

$\fallingdotseq 23148$ s $\fallingdotseq 6.4$ 時間

練習問題13

1 (1) $C=\frac{20\times 20}{20+20}=100\,\mu$F

(2) $C=\dfrac{1}{\dfrac{1}{10}+\dfrac{1}{20}+\dfrac{1}{30}}=\dfrac{1}{\dfrac{6+3+2}{60}}=\dfrac{60}{11}$

$\fallingdotseq 5.45\,\mu$F

(3) $C=20+50=70\,\mu$F

(4) $C=10+20+30=60\,\mu$F

(5) $C=\dfrac{50\times(20+30)}{50+(20+30)}=\dfrac{2500}{100}=25\,\mu$F

(6) $C=\dfrac{30\times 20}{30+20}+60=72\,\mu$F

2 (1) $C=\dfrac{10\times(20+10)}{10+(20+10)}=\dfrac{300}{40}=7.5\,\mu$F

(2) $Q_1=Q=CV=7.5\times 10^{-6}\times 100=7.5$ mC

$V_1=\dfrac{Q_1}{C_1}=\dfrac{7.5\times 10^{-3}}{10\times 10^{-6}}=75$ V

$V_2=\dfrac{7.5\times 10^{-3}}{30\times 10^{-6}}=25$ V

（別解　$V_2=E-V_1=100-75=25$ V）

3 (1) $C=50+\dfrac{60\times 40}{60+40}=74\,\mu$F

(2) $Q=74\times 10^{-6}\times 100=7.4$ mC

(3) $Q_1=50\times 10^{-6}\times 100=5$ mC

(4) $Q_2=Q_3=\dfrac{60\times 40}{60+40}\times 10^{-6}\times 100=2.4$ mC

（別解　$Q_2=Q_3=Q-Q_1=7.4-5=2.4$ mC）

3章　交流回路の基礎

練習問題14

1 波形より最大値 $V_m=200$ V, 1π [rad] $=180°$ より位相差 $45°=-\dfrac{45}{180}\pi=-\dfrac{1}{4}\pi$ [rad](遅れ位相なので符号はマイナス), $f=50$ kHz より角速度 $=2\pi f=2\times\pi\times 50\times 10^3=10^5\pi$ [rad/s], したがって瞬時値 $v=V_m\sin(\omega t+\theta)=200\sin\left(10^5\pi t-\dfrac{1}{4}\pi\right)$ [V]

2 波形より最大値 $V_m=60$ V, 位相差 0, 周期 $T=80$ ms より周波数 $f=\dfrac{1}{T}=\dfrac{1}{80\times 10^{-3}}=12.5$ Hz, 角速度 $\omega=2\pi f=2\times\pi\times 12.5=25\pi$ [rad/s], したがって瞬時値 $v=V_m\sin(\omega t+\theta)=60\sin 25\pi t$ [V]

3 (1) $V_m=120$ V

(2) $\omega=100\pi$ [rad/s]

(3) $\theta=-\dfrac{1}{4}\pi$ [rad]

(4) 1 rad $=180°$ より
$\theta=-\dfrac{1}{4}\pi$ [rad] $=-\dfrac{1}{4}\times 180°=-45°$

(5) $\omega=2\pi f$ より $f=\dfrac{\omega}{2\pi}=\dfrac{100\pi}{2\pi}=50$ Hz

(6) $T=\dfrac{1}{f}=\dfrac{1}{50}=0.02=20$ ms

練習問題15

1 最大値 $V_m=\sqrt{2}V=\sqrt{2}\times 100=100\sqrt{2}$ V, $\omega=2\pi f=2\times\pi\times 60=120\pi$ [rad/s], $\theta=0°$ これらのことより

(1) 瞬時値 v
$=V_m\sin(\omega t+\theta)=100\sqrt{2}\sin 120\pi t$ [V]

(2) ピークピーク値 V_{pp}
$=2V_m=2\times 100\sqrt{2}=200\sqrt{2}$ V

(3) 平均値 V_{av}
$=\dfrac{2}{\pi}V_m=\dfrac{2}{\pi}\times 100\sqrt{2}=\dfrac{200\sqrt{2}}{\pi}$ [V]

2 (1) 最大値 $V_m=120$ V

(2) ピークピーク値 V_{pp}
$=2V_m=2\times 120=240$ V

(3) 平均値 V_{av}
$=\dfrac{2}{\pi}V_m=\dfrac{2}{\pi}\times 120=\dfrac{240}{\pi}$ [V]

(4) 実効値 V
$=\dfrac{V_m}{\sqrt{2}}=\dfrac{120}{\sqrt{2}}=60\sqrt{2}$ V

(5) 周期 $T=200$ ms より
周波数 $f=\dfrac{1}{T}=\dfrac{1}{200\times 10^{-3}}=5$ Hz,
$\omega=2\pi f=2\times\pi\times 5=10\pi$ [rad/s],
$\theta=-\dfrac{\pi}{4}$ [rad]

これらのことより,
瞬時値 $v=V_m\sin(\omega t+\theta)$
$=120\sin\left(10\pi t-\dfrac{\pi}{4}\right)$ [V]

3 まず, 電流の平均値 I_{av} と実効値 I を求めます。
$I_m=10\sqrt{2}$ A
$I_{av}=\dfrac{2}{\pi}I_m=\dfrac{2}{\pi}\times 10\sqrt{2}=\dfrac{20\sqrt{2}}{\pi}$ [A]
$I=\dfrac{I_m}{\sqrt{2}}=\dfrac{10\sqrt{2}}{\sqrt{2}}=10$ A

これらの値を用いて
瞬時値 $v=Ri=20\times 10\sqrt{2}\sin 50t$
$=200\sqrt{2}\sin 50t$ [V]
最大値 $V_m=RI_m=20\times 10\sqrt{2}$
$=200\sqrt{2}$ V

平均値 $V_{av}=RI_{av}$
$$=20\times\frac{20\sqrt{2}}{\pi}=\frac{400\sqrt{2}}{\pi}\,[\text{V}]$$

実効値 $V=RI=20\times 10=200\,\text{V}$

練習問題16

[1] ベクトルの合成 $\dot{A}+\dot{B}$ と $\dot{A}-\dot{B}$ を図 (a) に示す。また，ベクトルの大きさは図 (b) のように考えます。

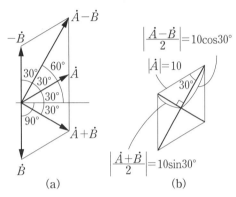

(a)　　　　(b)

$|\dot{A}+\dot{B}|=2\times 10\sin 30°$
$\qquad\qquad =10$
$|\dot{A}-\dot{B}|=2\times 10\cos 30°$
$\qquad\qquad\fallingdotseq 17.3$

したがって，$\dot{A}+\dot{B}=10\angle -30°$，$\dot{A}-\dot{B}=17.3\angle 60°$

[2] 各電圧の実効値と位相角を求めると
$V_1=100\frac{\sqrt{2}}{\sqrt{2}}=100\,\text{V},\ \theta_1=0$

$V_2=80\frac{\sqrt{2}}{\sqrt{2}}=80\,\text{V},\ \theta_2=\frac{\pi}{4}\,[\text{rad}]$

$V_3=\frac{120}{\sqrt{2}}=60\sqrt{2}\,\text{V},\ \theta_3=-\frac{3}{4}\pi\,[\text{rad}]$

$V_4=\frac{60}{\sqrt{2}}=30\sqrt{2}\,\text{V},\ \theta_4=0$

以上のことから考えて，
$\dot{V}_1=100\angle 0\,\text{V}$

$\dot{V}_2=80\angle\frac{\pi}{4}\,[\text{V}]$

$\dot{V}_3=60\sqrt{2}\angle -\frac{3}{4}\pi\,[\text{V}]$

$\dot{V}_4=30\sqrt{2}\angle 0\,\text{V}$

[3] 角速度 $\omega=2\pi f=2\times\pi\times 50=100\pi\,[\text{rad/s}]$，
　最大値 $V_m=9\,\text{V}$，位相角 $\theta=\frac{\pi}{4}\,[\text{rad}]$
(進み角)

したがって瞬時値 $v=V_m\sin(\omega t+\theta)=$
$9\sin\left(100\pi t+\frac{\pi}{4}\right)[\text{V}]$，実効値 $V=\frac{V_m}{\sqrt{2}}=$

$\frac{9}{\sqrt{2}}=\frac{9\sqrt{2}}{2}=4.5\sqrt{2}\,\text{V}$，

$\therefore \dot{V}=4.5\sqrt{2}\angle\frac{\pi}{4}\,[\text{V}]$

練習問題17

[1] $i_R=\frac{v}{R}=\frac{200\sqrt{2}}{1000}\sin 60\pi t$

$=\frac{1}{5}\sqrt{2}\sin 60\pi t\,[\text{A}]$

[2] $\omega=60\pi$，$L=50\times 10^{-3}\,\text{H}$ なので，$X_L=\omega L=60\pi\times 50\times 10^{-3}=3\pi\,[\Omega]$

電流の最大値 $I_m=\frac{V_m}{X_L}=\frac{120\sqrt{2}}{3\pi}$
$$=\frac{40\sqrt{2}}{\pi}\,[\text{A}]$$

電圧に対する電流の位相差は $\frac{\pi}{2}\,[\text{rad}]$

遅れるので，$\theta=-\frac{\pi}{2}\,[\text{rad}]$

したがって，電流の瞬時値は
$i_L=I_m\sin(\omega t+\theta)$
$\quad =\frac{40\sqrt{2}}{\pi}\sin\left(60\pi t-\frac{\pi}{2}\right)[\text{A}]$

[3] $\dot{I}=\frac{\dot{V}}{R}=\frac{100}{200}\angle\frac{\pi}{4}=0.5\angle\frac{\pi}{4}\,[\text{A}]$

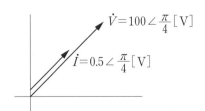

4 $\omega = 2\pi f = 2 \times \pi \times 100 = 200\pi$ [rad/s]
$X_L = \omega L = 200\pi \times 5 \times 10^{-3} = \pi$ [Ω]
$\dot{I} = \dfrac{\dot{V}}{X_L} = \dfrac{200}{\pi} \angle \left(\dfrac{\pi}{2} - \dfrac{\pi}{2}\right) = \dfrac{200}{\pi} \angle 0$ A

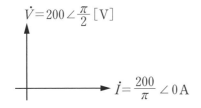

練習問題18

1 (1) $X_C = \dfrac{1}{\omega C} = \dfrac{1}{2\pi f C}$
$= \dfrac{1}{2 \times \pi \times 2 \times 10^6 \times 500 \times 10^{-12}} = \dfrac{500}{\pi}$ [Ω]

(2) $\dot{I} = \dfrac{\dot{V}}{X_C} = \dfrac{15}{\dfrac{500}{\pi}} \angle \dfrac{\pi}{2} = 0.03\pi \angle \dfrac{\pi}{2}$ [A]

$= 30\pi \angle \dfrac{\pi}{2}$ [mA]

(3) 以下にベクトル図を示します。

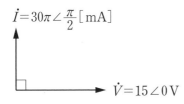

2 $\omega = 50\pi$ [rad/s] なので
$X_L = \omega L = 50\pi \times 100 \times 10^{-6}$
$= 0.005\pi$ [Ω] $= 5\pi$ [mΩ]
$X_C = \dfrac{1}{\omega C} = \dfrac{1}{50\pi \times 100 \times 10^{-12}}$
$= \dfrac{200}{\pi} \times 10^6$ Ω $= \dfrac{200}{\pi}$ [MΩ]

3 まず，回路全体の合成容量を求めます。
C_2 と C_3 の直列部の合成容量は
$C_{2+3} = \dfrac{C_2 \times C_3}{C_2 + C_3} = \dfrac{100 \times 80}{100 + 80} = \dfrac{400}{9}\ \mu\text{F}$

C_{2+3} と C_1 との合成容量は
$C = C_1 + C_{2+3} = 200 + \dfrac{400}{9} = \dfrac{2200}{9}\ \mu\text{F}$

したがって回路全体の容量リアクタンスは，

$X_C = \dfrac{1}{\omega C} = \dfrac{1}{40\pi \times \dfrac{2200}{9} \times 10^{-6}}$

$= \dfrac{1125}{11\pi} \fallingdotseq \dfrac{102}{\pi}$ [Ω]

4章　交流回路の計算

練習問題19

1 (1) $\dot{I}_R = \dfrac{\dot{V}}{R} = \dfrac{5}{2\times 10^3} = 2.5\angle 0 \text{ mA}$

(2) $\dot{I}_C = \dfrac{\dot{V}}{X_C} = \dfrac{5}{4\times 10^3}\angle \dfrac{\pi}{2}$

$\qquad = 1.25 \angle \dfrac{\pi}{2}$ [mA]

(3) $\dot{I}_L = \dfrac{\dot{V}}{X_L} = \dfrac{5}{1\times 10^3}\angle -\dfrac{\pi}{2}$

$\qquad = 5 \angle -\dfrac{\pi}{2}$ [mA]

(4) $I = \sqrt{I_R{}^2 + (I_L - I_C)^2} = \sqrt{2.5^2 + (5-1.25)^2}$
$\quad \fallingdotseq 4.50$ mA

(5) 遅れ位相 $\theta = \tan^{-1}\dfrac{I_L - I_C}{I_R}$

$\qquad = \tan^{-1}\dfrac{5-1.25}{2.5} \fallingdotseq 56.3°$

(6) 以下のベクトル図に示します。

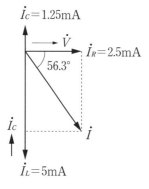

2 $i_R = \dfrac{v}{R} = \dfrac{V_m}{R}\sin 20\pi t$

$\quad = \dfrac{350\sqrt{2}}{100}\sin 20\pi t$

$\quad = 3.5\sqrt{2}\sin 20\pi t$ [A]

$X_C = \dfrac{1}{\omega C} = \dfrac{1}{20\pi \times 200\times 10^{-6}} = \dfrac{250}{\pi}$ [Ω]

$\therefore\ i_C = \dfrac{v}{X_C} = \dfrac{V_m}{X_C}\sin\left(20\pi t + \dfrac{\pi}{2}\right)$

$\qquad = \dfrac{350\sqrt{2}}{\dfrac{250}{\pi}}\sin\left(20\pi t + \dfrac{\pi}{2}\right)$

$\qquad = 1.4\sqrt{2}\pi\sin\left(20\pi t + \dfrac{\pi}{2}\right)$ [A]

$X_L = \omega L = 20\pi \times 20\times 10^{-3} = 0.4\pi$ [Ω]

$\therefore\ i_L = \dfrac{v}{X_L} = \dfrac{V_m}{X_L}\sin\left(20\pi t - \dfrac{\pi}{2}\right)$

$\qquad = \dfrac{350\sqrt{2}}{0.4\pi}\sin\left(20\pi t - \dfrac{\pi}{2}\right)$

$\qquad = \dfrac{875\sqrt{2}}{\pi}\sin\left(20\pi t - \dfrac{\pi}{2}\right)$ [A]

$I_m = \sqrt{I_{mR}{}^2 + (I_{mL} - I_{mC})^2}$

$\quad = \sqrt{(3.5\sqrt{2})^2 + \left(875\dfrac{\sqrt{2}}{\pi} - 1.4\sqrt{2}\pi\right)^2}$

$\fallingdotseq 388$ A

遅れ位相 $\theta = \tan^{-1}\dfrac{I_{mL} - I_{mC}}{I_{mR}}$

$= \tan^{-1}\dfrac{\dfrac{875\sqrt{2}}{\pi} - 1.4\sqrt{2}\pi}{3.5\sqrt{2}} \fallingdotseq 89.3°$

これらのことより，$i = I_m\sin(\omega t - \theta) = 388\sin(20\pi t - 89.3°)$ [A]

練習問題20

1 (1) $Z = \sqrt{R^2 + X_C{}^2} = \sqrt{2^2 + 6^2}$
$\quad = 2\sqrt{10}$ Ω

(2) $I = \dfrac{V}{Z} = \dfrac{200}{2\sqrt{10}} = 10\sqrt{10} \fallingdotseq 31.6$ A

$\theta = \tan^{-1}\dfrac{X_C}{R} = \tan^{-1}\dfrac{6}{2} \fallingdotseq 71.6°$

（進み角）

$\therefore\ \dot{I} = I\angle\theta = 31.6\angle 71.6°$ [A]

(3) $\dot{V}_R = R\dot{I} = 2\times 31.6\angle 71.6°$

230

$= 63.2\angle 71.6°$ V（Iと同相）

(4) $\dot{V_C} = X_C I \angle \theta - \dfrac{\pi}{2}$

$= 6 \times 31.6 \angle 71.6 - 90$

$\fallingdotseq 190 \angle -18.4°$ V

2 (1) $Z = \sqrt{R^2 + X_L^2} = \sqrt{2^2 + 8^2}$

$= 2\sqrt{17}\ \Omega$

(2) $I = \dfrac{V}{Z} = \dfrac{200}{2\sqrt{17}} = \dfrac{100\sqrt{17}}{17} \fallingdotseq 24.3$ A

$\theta = \tan^{-1}\dfrac{X_L}{R} = \tan^{-1}\dfrac{8}{2} \fallingdotseq 76.0°$

（遅れ角）

∴ $\dot{I} = I \angle -\theta = 24.3 \angle -76.0°$ [A]

(3) $\dot{V_R} = R\dot{I} = 2 \times 24.3 \angle -76.0°$

$= 48.6 \angle -76.0°$ [V]（Iと同相）

(4) $\dot{V_L} = X_L I \angle -\theta + \dfrac{\pi}{2}$

$= 8 \times 24.3 \angle -76.0 + 90$

$\fallingdotseq 194 \angle 14.0°$ [V]

3 $\omega = 2\pi f = 2 \times 50 \times \pi = 100\pi$ [rad/s]

(1) $X_C = \dfrac{1}{\omega C} = \dfrac{1}{100\pi \times 400 \times 10^{-6}}$

$= \dfrac{25}{\pi}$ [Ω]

$Z = \sqrt{R^2 + X_C^2} = \sqrt{5^2 + \left(\dfrac{25}{\pi}\right)^2}$

$\fallingdotseq 9.40\ \Omega$

$I = \dfrac{V}{Z} = \dfrac{5}{9.40} \fallingdotseq 0.53$ A $= 530$ mA

(2) $X_L = \omega L = 100\pi \times 10 \times 10^{-3} = \pi$ [Ω]

$Z = \sqrt{R^2 + X_L^2} = \sqrt{5^2 + \pi^2} \fallingdotseq 5.91\ \Omega$

$I = \dfrac{V}{Z} = \dfrac{5}{5.91} \fallingdotseq 0.85$ A $= 850$ mA

練習問題21

1 $\dot{V_R} = RI \angle 0 = 4 \times 10^3 \times 2 \times 10^{-3} \angle 0$

$= 8 \angle 0$ V（同相）

$\dot{V_C} = X_C I \angle -\dfrac{\pi}{2}$

$= 1 \times 10^3 \times 2 \times 10^{-3} \angle -\dfrac{\pi}{2}$

$= 2 \angle -\dfrac{\pi}{2}$ [V]（遅れ位相）

$\dot{V_L} = X_L I \angle \dfrac{\pi}{2} = 2 \times 10^3 \times 2 \times 10^{-3} \angle \dfrac{\pi}{2}$

$= 4 \angle \dfrac{\pi}{2}$ [V]（進み位相）

2 $Z = \sqrt{R^2 + (X_L - X_C)^2}$

$= \sqrt{(1 \times 10^3)^2 + (4 \times 10^3 - 4 \times 10^3)^2}$

$= 1$ kΩ

$\theta = \tan^{-1}\dfrac{|X_L - X_C|}{R}$

$= \tan^{-1}\dfrac{|4 \times 10^3 - 4 \times 10^3|}{1 \times 10^3}$

$= \tan^{-1} 0 = 0°$

3 $\omega = 2\pi$ [rad/s],

$X_L = \omega L = 2\pi \times 4 = 8\pi$ [Ω],

$X_C = \dfrac{1}{\omega C} = \dfrac{1}{2\pi \times 2 \times 10^{-3}} = \dfrac{250}{\pi}$ [Ω]

∴ $Z = \sqrt{R^2 + (X_L - X_C)^2}$

$= \sqrt{50^2 + \left(8\pi - \dfrac{250}{\pi}\right)^2} \fallingdotseq 73.9\ \Omega$,

$\theta = \tan^{-1}\dfrac{|X_L - X_C|}{R} = \tan^{-1}\dfrac{\left|8\pi - \dfrac{250}{\pi}\right|}{50}$

$\fallingdotseq 47.4°$（$X_L < X_C$なので進み角）

よって回路に流れる電流は

$i = \dfrac{v}{Z} = \dfrac{350\sqrt{2}}{73.9} \sin(2\pi t + 47.4°)$

$\fallingdotseq 4.74\sqrt{2} \sin(2\pi t + 47.4°)$ [A]

練習問題22

1 インピーダンス $Z = \sqrt{R^2 + X_L^2} = \sqrt{10^2 + 8^2}$

$= \sqrt{164} = 2\sqrt{41}\ \Omega$

力率 $\cos\theta = \dfrac{R}{Z} = \dfrac{10}{2\sqrt{41}} \fallingdotseq 0.78$（78%）

$P = VI\cos\theta$ に $I = \dfrac{V}{Z}$, $\cos\theta = \dfrac{R}{Z}$ を代入して,

電力 $P = V \times \dfrac{V}{Z} \times \dfrac{R}{Z} = \dfrac{V^2 R}{Z^2}$

$= \dfrac{100^2 \times 10}{(2\sqrt{41})^2} = \dfrac{100^2 \times 10}{4 \times 41}$

$\fallingdotseq 610\,\text{W}$

2 (1) $Z = \sqrt{R^2 + (X_L - X_C)^2}$
$= \sqrt{10^2 + (4-8)^2} = \sqrt{116}$
$\fallingdotseq 10.8\,\Omega$

(2) $\cos\theta = \dfrac{R}{Z} = \dfrac{10}{\sqrt{116}} \fallingdotseq 0.93\ (93\%)$

(3) $\theta = \cos^{-1}\dfrac{R}{Z} = \cos^{-1}\dfrac{10}{\sqrt{116}} \fallingdotseq 21.8°$

(4) $I = \dfrac{V}{Z} = \dfrac{100}{\sqrt{116}} \fallingdotseq 9.28\,\text{A}$

(5) $P_S = VI = 100 \times 9.28 = 928\,\text{VA}$

(6) $P_Q = VI\sin\theta = 100 \times 9.28 \times \sin21.8°$
$\fallingdotseq 345\,\text{Var}$

(7) $P = VI\cos\theta = 100 \times 9.28 \times \cos21.8°$
$\fallingdotseq 862\,\text{W}$

3 (1) 皮相電力 $VI = 100 \times 20$
$= 2000\,\text{VA}$
$= 2\,\text{kVA}$

(2) $P = VI\cos\theta$ より，
$\cos\theta = \dfrac{P}{VI} = \dfrac{1000}{100 \times 20} = 0.5\ (50\%)$

(3) $\theta = \cos^{-1}0.5 = 60°$ したがって無効電力
$P_Q = VI\sin\theta = 100 \times 20 \times \sin60° \fallingdotseq 1730\,\text{Var}$
$= 1.73\,\text{kVar}$

5章 記号法による交流回路の計算法

練習問題23

1

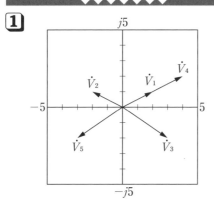

2 (1) $|\dot{A}| = \sqrt{4^2+1^2} = \sqrt{17}$

(2) $|\dot{B}| = \sqrt{(-1)^2+2^2} = \sqrt{5}$

(3) $\dot{A}+\dot{B} = 4+j-1+j2 = 3+j3$

(4) $|\dot{A}+\dot{B}| = \sqrt{3^2+3^2} = \sqrt{18} = 3\sqrt{2}$

(5) $2\dot{A}-\dot{B} = 2(4+j)-(-1+j2)$
$= 8+j2+1-j2 = 9$

(6) $2\dot{A}\times\dot{B} = 2(4+j)\times(-1+j2)$
$= (8+j2)\times(-1+j2)$
$= -8-4+j16-j2$
$= -12+j14$

(7) $\dot{A}\div 2\dot{B} = \dfrac{4+j}{2(-1+j2)} = \dfrac{4+j}{-2+j4}$
$= \dfrac{(4+j)(-2-j4)}{(-2+j4)(-2-j4)}$
$= \dfrac{-8+4-j16-j2}{4+16}$
$= \dfrac{-4-j18}{20} = -\dfrac{1}{5}-j\dfrac{9}{10}$

3 (1) 100

(2) $40\cos\dfrac{\pi}{6}+j40\sin\dfrac{\pi}{6}$
$= 40\cos 30°+j40\sin 30° \fallingdotseq 34.6+j20$

(3) $100\sqrt{2}\cos -\dfrac{\pi}{4}+j100\sqrt{2}\sin -\dfrac{\pi}{4}$
$= 100\sqrt{2}\cos -45°+j100\sqrt{2}\sin -45°$
$= 100-j100$

(4) $50\angle 0°$

(5) $100\angle 90°$

(6) $\sqrt{100^2+40^2}\angle\tan^{-1}\dfrac{40}{100} \fallingdotseq 108\angle 21.8°$

練習問題24

1 (1) 電流 $\dot{I}$ に対して、$\dot{V}_R$ は同相、$\dot{V}_L$ は $\dfrac{\pi}{2}$ [rad] 進み位相、$\dot{V}_C$ は $\dfrac{\pi}{2}$ [rad] 遅れ位相となります。

(2) $\dot{V}_R = \dot{Z}\dot{I} = R\dot{I} = 4(10+j10)$
$= 40+j40$ V

$\dot{V}_L = \dot{Z}\dot{I} = jX_L\dot{I} = j2(10+j10)$
$= j20-20 = -20+j20$ V

$\dot{V}_C = \dot{Z}\dot{I} = -jX_C\dot{I} = -j(10+j10)$
$= -j10+10 = 10-j10$ V

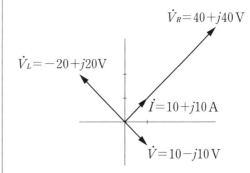

2 (1) $f=50$ Hz より $\omega=2\pi f=2\pi\times 50 = 100\pi$ [rad/s]

$\dot{Z}_R = 20$ Ω

$\dot{Z}_L = jX_L = j\omega L = j100\pi\times 10\times 10^{-3}$
$= j\pi \fallingdotseq j3.14$ Ω

$\dot{Z}_C = -jX_C = -j\dfrac{1}{\omega C}$
$= -j\times\dfrac{1}{100\pi\times 500\times 10^{-6}}$

$$= -j\frac{20}{\pi} \fallingdotseq -j6.37\,\Omega$$

(2) $\dot{I}_R = \dfrac{\dot{V}}{\dot{Z}_R} = \dfrac{100}{20} = 5\,\text{A}$

$\dot{I}_L = \dfrac{\dot{V}}{\dot{Z}_L} = \dfrac{100}{j\pi} \fallingdotseq -j31.8\,\text{A}$

$\dot{I}_C = \dfrac{\dot{V}}{\dot{Z}_C} = \dfrac{100}{-j\dfrac{20}{\pi}} \fallingdotseq j15.7\,\text{A}$

練習問題25

1 $\dot{V}_R = R\dot{I} = 4(2+j2) = 8+j8\,\text{V}$
$\dot{V}_L = jX_L\dot{I} = j2(2+j2) = -4+j4\,\text{V}$
$\dot{V}_C = -jX_C\dot{I} = -j8(2+j2) = 16-j16\,\text{V}$
$\dot{V} = \dot{V}_R + \dot{V}_L + \dot{V}_C$
$\quad = 8+j8 - 4+j4 + 16-j16 = 20-j4\,\text{V}$

2 $\dot{I}_R = \dfrac{\dot{V}}{R} = \dfrac{100-j20}{10} = 10-j2\,\text{A}$

$\dot{I}_L = \dfrac{\dot{V}}{jX_L} = \dfrac{100-j20}{j5} = \dfrac{(100-j20)\times j}{j5\times j}$

$\quad = \dfrac{20+j100}{-5} = -4-j20\,\text{A}$

$\dot{I}_C = \dfrac{\dot{I}}{-jX_C} = \dfrac{100-j20}{-j8}$

$\quad = \dfrac{(100-j20)\times j}{-j8\times j} = \dfrac{20+j100}{8}$

$\quad = 2.5+j12.5\,\text{A}$

$\dot{I} = \dot{I}_R + \dot{I}_L + \dot{I}_C$
$\quad = 10-j2 - 4-j20 + 2.5+j12.5$
$\quad = 8.5-j9.5\,\text{A}$

3 (a) $\dot{Z} = \dot{Z}_1 + \dot{Z}_2 + \dot{Z}_3$
$\quad = 5+j + 2-j3 + 3+j2 = 10\,\Omega$

(b) $\dot{Z} = \dfrac{1}{\dfrac{1}{\dot{Z}_1} + \dfrac{1}{\dot{Z}_2} + \dfrac{1}{\dot{Z}_3}}$

$\quad = \dfrac{1}{\dfrac{1}{5+j} + \dfrac{1}{2-j3} + \dfrac{1}{3+j2}}$

$\quad = \dfrac{1}{\dfrac{5-j}{(5+j)(5-j)} + \dfrac{2+j3}{(2-j3)(2+j3)} + \dfrac{3-j2}{(3+j2)(3-j2)}}$

$\quad = \dfrac{1}{\dfrac{5-j}{26} + \dfrac{2+j3}{13} + \dfrac{3-j2}{13}}$

$\quad = \dfrac{1}{\dfrac{5-j+4+j6+6-j4}{26}} = \dfrac{26}{15+j}$

$\quad = \dfrac{26(15-j)}{(15+j)(15-j)} = \dfrac{390-j26}{226}$

$\quad = \dfrac{195}{113} - j\dfrac{13}{113}\,\Omega$

練習問題26

1 例題5.4-3で求めた式を以下に示します。

$\dot{Z}_1 = R + \dfrac{jX_L \times (-jX_C)}{jX_L + (-jX_C)}$

$\dot{I}_{R1} = \dfrac{\dot{V}_1}{\dot{Z}_1}$

$\dot{I}_{L1} = \dfrac{-jX_C}{jX_L + (-jX_C)}\dot{I}_{R1}$

$\dot{I}_{C1} = -\dfrac{jX_L}{jX_L + (-jX_C)}\dot{I}_{R1}$

$\dot{Z}_2 = -jX_C + \dfrac{R \times jX_L}{R + jX_L}$

$\dot{I}_{C2} = \dfrac{\dot{V}_2}{\dot{Z}_2}$

$\dot{I}_{R2} = -\dfrac{jX_L}{R + jX_L}\dot{I}_{C2}$

$\dot{I}_{L2} = \dfrac{R}{R + jX_L}\dot{I}_{C2}$

これらの結果を重ね合わせて，$\dot{I}_R = \dot{I}_{R1} + \dot{I}_{R2}$，$\dot{I}_L = \dot{I}_{L1} + \dot{I}_{L2}$，$\dot{I}_C = \dot{I}_{C1} + \dot{I}_{C2}$

以上の式に $\dot{V}_1 = 100\,\text{V}$，$\dot{V}_2 = j50\,\text{V}$，$R = 20\,\Omega$，$X_L = 40\,\Omega$，$X_C = 60\,\Omega$ を代入します。

$\dot{Z}_1 = R + \dfrac{jX_L \times (-jX_C)}{jX_L + (-jX_C)}$

$\quad = 20 + \dfrac{j40 \times (-j60)}{j40 + (-j60)} = 20 - \dfrac{2400}{j20}$

$\quad = 20 + j120\,\Omega$

$\dot{I}_{R1} = \dfrac{\dot{V}_1}{\dot{Z}_1} = \dfrac{100}{20+j120}$

$$= \frac{100(20-j120)}{(20+j120)(20-j120)}$$

$$= \frac{2000-j12000}{20^2+120^2} \fallingdotseq 0.14-j0.81 \text{ A}$$

$$\dot{I}_{L1} = \frac{-jX_C}{jX_L+(-jX_C)}\dot{I}_{R1} = \frac{-j60}{j40-j60}\dot{I}_{R1}$$

$$= 3\dot{I}_{R1} = 3(0.14-j0.81)$$

$$= 0.42-j2.43 \text{ A}$$

$$\dot{I}_{C1} = -\frac{jX_L}{jX_L+(-jX_C)}\dot{I}_{R1}$$

（$\dot{I}_{R1}$ と方向が逆なのでマイナス）

$$= \frac{-j40}{j40-j60}\dot{I}_{R1} = 2\dot{I}_{R1} = 2(0.14-j0.81)$$

$$= 0.28-j1.62 \text{ A}$$

次に $\dot{V}_2$ が単独に存在する回路を考えます。

$$\dot{Z}_2 = -jX_C + \frac{R \times jX_L}{R+jX_L}$$

$$= -j60 + \frac{20 \times j40}{20+j40}$$

$$= -j60 + \frac{(20 \times j40)(20-j40)}{(20+j40)(20-j40)}$$

$$= -j60 + \frac{j16000+32000}{20^2+40^2}$$

$$= 16-j52 \text{ Ω}$$

$$\dot{I}_{C2} = \frac{\dot{V}_2}{\dot{Z}_2} = \frac{j50}{16-j52}$$

$$= \frac{j50(16+j52)}{(16-j52)(16+j52)}$$

$$= \frac{j50(16+j52)}{(16^2+52^2)} = \frac{-2600+j800}{2960}$$

$$\fallingdotseq -0.88+j0.27 \text{ A}$$

$$\dot{I}_{R2} = -\frac{jX_L}{R+jX_L}\dot{I}_{C2}$$

（$\dot{I}_{C2}$ と方向が逆なのでマイナス）

$$= -\frac{j40}{20+j40}\dot{I}_{C2}$$

$$= -\frac{j40(20-j40)}{(20+j40)(20-j40)}\dot{I}_{C2}$$

$$= -\frac{j40(20-j40)}{20^2+40^2}\dot{I}_{C2}$$

$$= (-0.8-j0.4)\dot{I}_{C2}$$

$$= (-0.8-j0.4)(-0.88+j0.27)$$

$$\fallingdotseq 0.81+j0.14 \text{ A}$$

$$\dot{I}_{L2} = \frac{R}{R+jX_L}\dot{I}_{C2} = \frac{20}{20+j40}\dot{I}_{C2}$$

$$= \frac{20(20-j40)}{(20+j40)(20-j40)}\dot{I}_{C2}$$

$$= \frac{20(20-j40)}{20^2+40^2}\dot{I}_{C2} = (0.2-j0.4)\dot{I}_{C2}$$

$$= (0.2-j0.4)(-0.88+j0.27)$$

$$\fallingdotseq -0.07+j0.41 \text{ A}$$

以上の結果より

$$\dot{I}_R = \dot{I}_{R1}+\dot{I}_{R2} = 0.14-j0.81+0.81+j0.14$$

$$= 0.95-j0.67 \text{ A}$$

$$\dot{I}_L = \dot{I}_{L1}+\dot{I}_{L2} = 0.42-j2.43-0.07+j0.41$$

$$= 0.35-j2.02 \text{ A}$$

$$\dot{I}_C = \dot{I}_{C1}+\dot{I}_{C2} = 0.28-j1.62-0.88+j0.27$$

$$= -0.60-j1.35 \text{ A}$$

2 $R_1 \times R_2 = jX_L \times (-jX_C)$

$$= j\omega L \times \left(-j\frac{1}{\omega C}\right) = \frac{L}{C}$$

$$\therefore L = R_1 \times R_2 \times C$$

$$= 4 \times 10^3 \times 6 \times 10^3 \times 300 \times 10^{-12}$$

$$= 0.0072 \text{ H} = 7.2 \text{ mH}$$

3 まず R を含む閉回路（左側部分）を考えます。

$$\dot{V}_1 - \dot{V}_2 = R\dot{I}_R$$

$$\therefore \dot{I}_R = \frac{\dot{V}_1-\dot{V}_2}{R} = \frac{10-20}{5} = -2 \text{ A}$$

次に L を含む閉回路（右側部分）を考えます。

$$X_L = \omega L = 2\pi f L = 2\pi \times 50 \times 20 \times 10^{-3}$$

$$= 2\pi \text{ [Ω]}$$

したがって $\dot{V}_2 = jX_L\dot{I}_L$

$$\therefore \dot{I}_L = \frac{\dot{V}_2}{j2\pi} = \frac{-j\dot{V}_2}{2\pi} = \frac{-j20}{2\pi}$$

$$\fallingdotseq -j3.18 \text{ A}$$

$\dot{I}_R + \dot{I} = \dot{I}_L$ なので $\dot{I} = \dot{I}_L - \dot{I}_R$, $\dot{I}_L$ と $\dot{I}_R$ の値を代入して $\dot{I} = \dot{I}_L - \dot{I}_R = -j3.18-(-2) = 2-j3.18$ A

6章 三相交流回路と非正弦交流

練習問題27

1 $100\sqrt{2}\angle-\frac{2}{3}\pi$ [V]

$100\sqrt{2}\angle-\frac{4}{3}\pi$ [V]

2 $50\sqrt{2}\angle\frac{\pi}{2}-\frac{2}{3}\pi=50\sqrt{2}\angle-\frac{\pi}{6}$ [V]

$50\sqrt{2}\angle\frac{\pi}{2}-\frac{4}{3}\pi=50\sqrt{2}\angle-\frac{5}{6}\pi$ [V]

3 (1) $100\sqrt{2}\sin\left(50\pi t-\frac{2}{3}\pi\right)$

(2) $100\sqrt{2}\sin\left(50\pi t-\frac{4}{3}\pi\right)$

(3) $100\angle 0$

(4) $100\angle-\frac{2}{3}\pi$

(5) $100\angle-\frac{4}{3}\pi$

(6) 100

(7) $100\left(-\frac{1}{2}-j\frac{\sqrt{3}}{2}\right)=-50-j50\sqrt{3}$

(8) $100\left(-\frac{1}{2}+j\frac{\sqrt{3}}{2}\right)=-50+j50\sqrt{3}$

(9) $200\sqrt{2}\sin 50\pi t$

(10) $200\sqrt{2}\sin\left(50\pi t-\frac{2}{3}\pi\right)$

(11) $200\sqrt{2}\sin\left(50\pi t-\frac{4}{3}\pi\right)$

(12) $200\angle-\frac{2}{3}\pi$

(13) $200\angle-\frac{4}{3}\pi$

(14) 200

(15) $200\left(-\frac{1}{2}-j\frac{\sqrt{3}}{2}\right)=-100-j100\sqrt{3}$

(16) $200\left(-\frac{1}{2}+j\frac{\sqrt{3}}{2}\right)=-100+j100\sqrt{3}$

(17) $240\sqrt{2}\sin 50\pi t$

(18) $240\sqrt{2}\sin\left(50\pi t-\frac{2}{3}\pi\right)$

(19) $240\sqrt{2}\sin\left(50\pi t-\frac{4}{3}\pi\right)$

(20) $240\angle 0$

(21) $240\angle-\frac{2}{3}\pi$

(22) $240\angle-\frac{4}{3}\pi$

(23) $240\left(-\frac{1}{2}-j\frac{\sqrt{3}}{2}\right)=-120-j120\sqrt{3}$

(24) $240\left(-\frac{1}{2}+j\frac{\sqrt{3}}{2}\right)=-120+j120\sqrt{3}$

4 a 相の電圧を $\dot{V}_a=V$ [V] としたとき，b 相および c 相の電圧は，

$\dot{V}_b=V\left(-\frac{1}{2}-j\frac{\sqrt{3}}{2}\right)$ [V]，$\dot{V}_c=V\left(-\frac{1}{2}+j\frac{\sqrt{3}}{2}\right)$ [V]

これらの和を求めます。

$\dot{V}_a+\dot{V}_b+\dot{V}_c=V+V\left(-\frac{1}{2}-j\frac{\sqrt{3}}{2}\right)+V\left(-\frac{1}{2}+j\frac{\sqrt{3}}{2}\right)$

$=V\left(1-\frac{1}{2}-j\frac{\sqrt{3}}{2}-\frac{1}{2}+j\frac{\sqrt{3}}{2}\right)$

$=V\times 0=0$ V

練習問題28

1 複素数で考えると，

$\dot{V}_a=V$ [V]，$\dot{V}_b=V\left(-\frac{1}{2}-j\frac{\sqrt{3}}{2}\right)$ [V]，

$$\dot{V}_{AB} = \dot{V}_a - \dot{V}_b = V - V\left(-\frac{1}{2} - j\frac{\sqrt{3}}{2}\right)$$

$$= V\left(1 + \frac{1}{2} + j\frac{\sqrt{3}}{2}\right) = \frac{3}{2}V + j\frac{\sqrt{3}}{2}V \text{ [V]}$$

極座標に直すと，

$$\dot{V}_{AB} = \sqrt{\left(\frac{3}{2}\right)^2 + \left(\frac{\sqrt{3}}{2}\right)^2} V \angle \tan^{-1}\frac{\frac{\sqrt{3}}{2}}{\frac{3}{2}}$$

$$= 100\sqrt{3} \angle 30° = 100\sqrt{3} \angle \frac{\pi}{6} \text{ [V]}$$

2 まず一相当たりの相電力を求めます。

相電圧 = $\frac{線間電圧}{\sqrt{3}} = \frac{140}{\sqrt{3}}$ V，

相電流 = 線電流 = 2 A，

$\cos\theta = 0.9$ なので，

相電力 = 相電圧 × 相電流 × $\cos\theta$

$= \frac{140}{\sqrt{3}} \times 2 \times 0.9 = \frac{252}{\sqrt{3}} = 84\sqrt{3}$，

三相電力は相電力の 3 倍なので，

三相電力 = 3 × 相電力 = $3 \times 84\sqrt{3} = 252\sqrt{3}$

$\fallingdotseq 436$ W

3 Y－Y結線の場合は，

相電圧 = $\frac{線間電圧}{\sqrt{3}}$，相電流 = 線電流

であり，相電圧を V_s，相電流を I_s，相のインピーダンスを Z_s とすると，

(1) $Z_s = \sqrt{R^2 + X_L^2} = \sqrt{5^2 + 0^2} = 5$ Ω，

$V_s = \frac{100}{\sqrt{3}}$ V，

$I_s = \frac{V_s}{Z_s} = \frac{\frac{100}{\sqrt{3}}}{5} = \frac{20}{\sqrt{3}}$ A，

$\cos\theta = \frac{R}{Z_s} = \frac{5}{5} = 1$，

∴ 三相電力 = $3 \times V_s \times I_s \times \cos\theta$

$= 3 \times \frac{100}{\sqrt{3}} \times \frac{20}{\sqrt{3}} \times 1 = 2.00$ kW

(2) $Z_s = \sqrt{R^2 + X_L^2} = \sqrt{5^2 + 2^2} = \sqrt{29}$ Ω，

$V_s = \frac{100}{\sqrt{3}}$ V，

$I_s = \frac{V_s}{Z_s} = \frac{\frac{100}{\sqrt{3}}}{\sqrt{29}} = \frac{100}{\sqrt{87}}$ A，

$\cos\theta = \frac{R}{Z_s} = \frac{5}{\sqrt{29}}$，

∴ 三相電力 = $3 \times V_s \times I_s \times \cos\theta$

$= 3 \times \frac{100}{\sqrt{3}} \times \frac{100}{\sqrt{87}} \times \frac{5}{\sqrt{29}} \fallingdotseq 1.72$ kW

(3) $Z_s = \sqrt{R^2 + X_L^2} = \sqrt{5^2 + 2^2} = \sqrt{29}$ Ω，

$V_s = \frac{50}{\sqrt{3}}$ V，

$I_s = \frac{V_s}{Z_s} = \frac{\frac{50}{\sqrt{3}}}{\sqrt{29}} = \frac{50}{\sqrt{87}}$ A，

$\cos\theta = \frac{R}{Z_s} = \frac{5}{\sqrt{29}}$，

∴ 三相電力 = $3 \times V_s \times I_s \times \cos\theta$

$= 3 \times \frac{50}{\sqrt{3}} \times \frac{50}{\sqrt{87}} \times \frac{5}{\sqrt{29}} \fallingdotseq 431$ W

練習問題29

1 複素数で考えると，

$\dot{I}_a = I$ [A]，$\dot{I}_c = I\left(-\frac{1}{2} + j\frac{\sqrt{3}}{2}\right)$ [A]，

$$\dot{I}_A = \dot{I}_a - \dot{I}_c = I - I\left(-\frac{1}{2} + j\frac{\sqrt{3}}{2}\right)$$

$$= I\left(1 + \frac{1}{2} - j\frac{\sqrt{3}}{2}\right) = \frac{3}{2}I - j\frac{\sqrt{3}}{2}I \text{ [A]}$$

極座標に直すと，

$$\dot{I}_A = \sqrt{\left(\frac{3}{2}\right)^2 + \left(-\frac{\sqrt{3}}{2}\right)^2} I \angle \tan^{-1}\frac{-\frac{\sqrt{3}}{2}}{\frac{3}{2}}$$

$$= 10\sqrt{3} \angle -30° = 10\sqrt{3} \angle -\frac{\pi}{6} \text{ [V]}$$

2 三相電力 = $\sqrt{3}$ × 線間電圧 × 線電流 × 力率 より求めます。すなわち

三相電力 = $\sqrt{3} \times 140 \times 2 \times 0.9 = 252\sqrt{3}$

$\fallingdotseq 436$ W

(**練習問題28 2**と同様ですが，異なる解法を試みました)。

3 Δ−Δ結線の場合は，相電圧＝線間電圧，相電流＝$\dfrac{線電流}{\sqrt{3}}$であり，相電圧を V_S，相電流を I_S，相のインピーダンスを Z_S とすると，

(1) $Z_S=\sqrt{R^2+X_L{}^2}=\sqrt{5^2+0^2}=5\,\Omega$,

$V_S=100\,[\text{V}]$, $I_S=\dfrac{V_S}{Z_S}=\dfrac{100}{5}=20\,\text{A}$,

$\cos\theta=\dfrac{R}{Z_S}=\dfrac{5}{5}=1$,

∴ 三相電力 $=3\times V_S\times I_S\times\cos\theta$
$=3\times100\times20\times1=6\,\text{kW}$

(2) $Z_S=\sqrt{R^2+X_L{}^2}=\sqrt{5^2+2^2}=\sqrt{29}\,\Omega$,

$V_S=100\,[\text{V}]$, $I_S=\dfrac{V_S}{Z_S}=\dfrac{100}{\sqrt{29}}\,\text{A}$,

$\cos\theta=\dfrac{R}{Z_S}=\dfrac{5}{\sqrt{29}}$,

∴ 三相電力 $=3\times V_S\times I_S\times\cos\theta$
$=3\times100\times\dfrac{100}{\sqrt{29}}\times\dfrac{5}{\sqrt{29}}\fallingdotseq 5.17\,\text{kW}$

(3) $Z_S=\sqrt{R^2+X_L{}^2}=\sqrt{5^2+2^2}=\sqrt{29}\,\Omega$,

$V_S=50\,[\text{V}]$, $I_S=\dfrac{V_S}{Z_S}=\dfrac{50}{\sqrt{29}}\,\text{A}$,

$\cos\theta=\dfrac{R}{Z_S}=\dfrac{5}{\sqrt{29}}$,

∴ 三相電力 $=3\times V_S\times I_S\times\cos\theta$
$=3\times50\times\dfrac{50}{\sqrt{29}}\times\dfrac{5}{\sqrt{29}}\fallingdotseq 1.29\,\text{kW}$

練習問題30

1 $60\times5=300\,\text{Hz}$

2 $\omega t=40\pi t$ より $\omega=40\pi$，$\omega=2\pi f$ なので $f=\dfrac{\omega}{2\pi}=\dfrac{40\pi}{2\pi}=20\,\text{Hz}$

したがって $20\times3=60\,\text{Hz}$

3 電圧，電流，インピーダンスについて基本波の場合を $\dot{V}_1, \dot{I}_1, \dot{Z}_1$，第2調波の場合を $\dot{V}_2, \dot{I}_2, \dot{Z}_2$，第3調波の場合を $\dot{V}_3, \dot{I}_3, \dot{Z}_3$ とし，複素数で表すと，

$\dot{V}_1=\dfrac{200\sqrt{2}}{\sqrt{2}}=200\,\text{V}$, $\dot{V}_2=\dfrac{40\sqrt{2}}{\sqrt{2}}=40\,\text{V}$,

$\dot{V}_3=\dfrac{10\sqrt{2}}{\sqrt{2}}=10\,\text{V}$, $\dot{Z}_1=R+j\omega L=24+j5\,\Omega$,

$\dot{Z}_2=R+j2\omega L=24+j2\times5=24+j10\,\Omega$, $\dot{Z}_3=R+j3\omega L=24+j3\times5=24+j15\,\Omega$

基本波 i_1 を求めます。

$\dot{I}_1=\dfrac{\dot{V}_1}{\dot{Z}_1}=\dfrac{200}{24+j5}=\dfrac{200(24-j5)}{(24+j5)(24-j5)}$

$=\dfrac{4800-j1000}{601}\fallingdotseq 7.99-j1.66\,\text{A}$

極座標ベクトルに直すと
$7.99-j1.66$

$=\sqrt{7.99^2+1.66^2}\angle\tan^{-1}\dfrac{-1.66}{7.99}$

$\fallingdotseq 8.16\angle-11.7°\,\text{A}$

瞬時値に直すと，
$i_1=8.16\sqrt{2}\sin(\omega t-11.7°)\,[\text{A}]$

第2調波 i_2 を求めます。

$\dot{I}_2=\dfrac{\dot{V}_2}{\dot{Z}_2}=\dfrac{40}{24+j10}=\dfrac{40(24-j10)}{(24+j10)(24-j10)}$

$=\dfrac{960-j400}{676}\fallingdotseq 1.42-j0.59\,\text{A}$

極座標ベクトルに直すと
$1.42-j0.59$

$=\sqrt{1.42^2+0.59^2}\angle\tan^{-1}\dfrac{-0.59}{1.42}$

$\fallingdotseq 1.54\angle-22.6°\,\text{A}$

瞬時値に直すと，
$i_2=1.54\sqrt{2}\sin(2\omega t-22.6°)\,[\text{A}]$

第3調波 i_3 を求めます。

$\dot{I}_3=\dfrac{\dot{V}_3}{\dot{Z}_3}=\dfrac{10}{24+j15}=\dfrac{10(24-j15)}{(24+j15)(24-j15)}$

$=\dfrac{240-j150}{801}\fallingdotseq 0.30-j0.19\,\text{A}$

極座標ベクトルに直すと
$0.30-j0.19$

$=\sqrt{0.30^2+0.19^2}\angle\tan^{-1}\dfrac{-0.19}{0.30}$

$\fallingdotseq 0.36\angle-32.3°\,\text{A}$

瞬時値に直すと，
$i_3 = 0.36\sqrt{2}\sin(3\omega t - 32.3°)$ [A]
以上の結果より
$i = i_1 + i_2 + i_3 = 8.16\sqrt{2}\sin(\omega t - 11.7°) + 1.54\sqrt{2}\sin(2\omega t - 22.6°) + 0.36\sqrt{2}\sin(3\omega t - 32.3°)$ [A]

4 基本波の実効値 $V_1 = \dfrac{120}{\sqrt{2}} = 60\sqrt{2}$ V

高調波の実効値 $V = \sqrt{V_2{}^2 + V_3{}^2}$
$= \sqrt{\left(-\dfrac{20}{\sqrt{2}}\right)^2 + \left(\dfrac{4}{\sqrt{2}}\right)^2} = 4\sqrt{13}$ V

ひずみ率 $k = \dfrac{V}{V_1} \times 100 = \dfrac{4\sqrt{13}}{60\sqrt{2}} \times 100$
$\fallingdotseq 17.0\%$

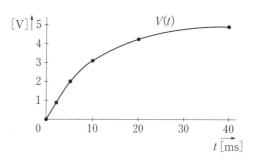

練習問題31

1 (1) 過渡　(2) 定常
　　(3) RC　(4) 遅

2 コンデンサの充電電圧の式 $V(t) = E(1 - e^{-\frac{t}{\tau}})$ に $E = 5$ V，$\tau = RC = 2 \times 10^{-3} \times 5 \times 10^{-6} = 0.01$ s，$e = 2.7$ を代入して，$V(t) = 5(1 - 2.7^{-\frac{t}{0.01}})$ [V] を計算します。

(1) $V(0\text{ms}) = 5(1 - 2.7^{-\frac{0}{0.01}}) = 0$ V
(2) $V(2\text{ms}) = 5(1 - 2.7^{-\frac{0.002}{0.01}}) = 0.9$ V
(3) $V(5\text{ms}) = 5(1 - 2.7^{-\frac{0.005}{0.01}}) = 2.0$ V
(4) $V(10\text{ms}) = 5(1 - 2.7^{-\frac{0.01}{0.01}}) = 3.1$ V
(5) $V(20\text{ms}) = 5(1 - 2.7^{-\frac{0.02}{0.01}}) = 4.3$ V
(6) $V(40\text{ms}) = 5(1 - 2.7^{-\frac{0.04}{0.01}}) = 4.9$ V

練習問題32

1 (1) $\tau = 230 \times 6 \times 10^{-6} = 0.00138$ s $= 1.38$ ms，
　$T = 2.3\tau = 2.3 \times 1.38 \fallingdotseq 3.17$ ms
(2) $\tau = 12 \times 10^3 \times 8 \times 10^{-12} = 0.096$ μs，
　$T = 2.3\tau = 2.3 \times 0.096 \fallingdotseq 0.22$ μs
(3) $\tau = 6 \times 10^6 \times 12 \times 10^{-12} = 0.072$ ms，$T = 2.3\tau = 2.3 \times 0.072 \fallingdotseq 0.17$ ms

2 (1) 微分回路の条件 $30 t_p > \tau = RC$ より，
$R < \dfrac{30 t_p}{C} = 30 \times \dfrac{(6 \times 10^{-6})}{(12 \times 10^{-12})} = 15$ MΩ

すなわち $R < 15$ MΩ

(2) 微分回路の条件 $30 t_p > \tau = RC$ より，
$C < \dfrac{30 t_p}{R} = 30 \times \dfrac{(6 \times 10^{-6})}{(5 \times 10^3)} = 36$ nF

すなわち $C < 36$ nF

浅　川　　毅（あさかわ　たけし）博士（工学）
　　　学歴　東京都立大学大学院工学研究科博士課程修了
　　　職歴　東海大学電子情報学部　講師（非常勤）
　　　　　　東京都立大学大学院工学研究科　客員研究員
　　　　　　東海大学情報理工学部　教授
　　　著書　「論理回路の設計」コロナ社
　　　　　　「コンピュータ工学の基礎」東京電機大学出版局
　　　　　　「H8マイコンで学ぶ組込みシステム開発入門」電波新聞社
　　　　　　　　　　　　　　　　　　　　　　　　　　　　ほか

堀　桂太郎（ほり　けいたろう）博士（工学）
　　　学歴　日本大学大学院 理工学研究科 博士後期課程情報科学専攻修了
　　　職歴　国立明石工業高等専門学校　電気情報工学科教授
　　　著書　「絵ときディジタル回路の教室」オーム社
　　　　　　「図解論理回路入門」森北出版
　　　　　　「よくわかる電子回路の基礎」電気書院　　　　　　ほか

電気回路ポイントトレーニング　　　　　　　　　　©浅川・堀　2019
2019年8月5日　第1版第1刷発行

　　　　　　　著　者　浅　川　　毅
　　　　　　　　　　　堀　　桂太郎
　　　　　　発行者　平　山　　勉
　　　　　　発行所　株式会社　電波新聞社
　　　　　　〒141-8715 東京都品川区東五反田1-11-15
　　　　　　電　話　03-3445-8201
　　　　　　振　替　東京00150-3-51961
　　　　　　URL　http://www.dempa.co.jp

　　　　　DTP　　　株式会社 タイプアンドたいぽ
　　　　　印刷製本　株式会社 フクイン
本書の一部あるいは全部を、著作者の許諾を得ずに無断で複写・複製することは禁じられています。

Printed in Japan　　　　　　　　　　落丁・乱丁本はお取替えいたします。
ISBN978-4-86406-036-3　　　　　　　定価はカバーに表示してあります。